中国重要农业文化遗产系列读本

河北宣化
城市传统葡萄园

HEBEI XUANHUA

CHENGSHI CHUANTONG PUTAOYUAN

闵庆文　邵建成◎丛书主编

孙业红　闵庆文◎主编

中国农业出版社

图书在版编目（CIP）数据

河北宣化城市传统葡萄园 / 孙业红，闵庆文主编. –– 北京：
中国农业出版社，2014.10
（中国重要农业文化遗产系列读本 / 闵庆文，邵建成主编）
ISBN 978-7-109-19567-7

Ⅰ.①河… Ⅱ.①孙… ②闵… Ⅲ.①葡萄—果树园艺—介
绍—宣化市 Ⅳ.① S663.1

中国版本图书馆CIP数据核字（2014）第226381号

中国农业出版社出版
（北京市朝阳区麦子店街18号楼）
（邮政编码 100125）
责任编辑 吴丽婷

北京中科印刷有限公司印刷 新华书店北京发行所发行
2015年10月第1版 2015年10月北京第1次印刷

开本：710mm×1000mm 1/16 印张：10.75
字数：237千字
定价：39.00元
（凡本版图书出现印刷、装订错误，请向出版社发行部调换）

重要农业文化遗产是沉睡农耕文明的呼唤者，是濒危多样物种的拯救者，是悠久历史文化的传承者，是可持续性农业的活态保护者。

重要农业文化遗产——源远流长

回顾历史长河，重要农业文化遗产的昨天，源远流长，星光熠熠，悠久历史积淀下来的农耕文明凝聚着祖先的智慧结晶。中国是世界农业最早的起源地之一，悠久的农业对中华民族的生存发展和文明创造产生了深远的影响，中华文明起源于农耕文明。距今1万年前的新石器时代，人们学会了种植谷物与驯养牲畜，开始农业生产，很多人类不可或缺的重要农作物起源于中国。

《诗经》中描绘了古时农业大发展，春耕夏耘秋收的农耕景象："畟畟良耜，俶载南亩。播厥百谷，实函斯活。或来瞻女，载筐及筥，其饟伊黍。其笠伊纠，其镈斯赵，以薅荼蓼。荼蓼朽止，黍稷茂止。获之挃挃，积之栗栗。其崇如墉，其比如栉。以开百室，百室盈止。"又有诗云"绿遍山原白满川，子规声里雨如烟。乡村四月闲人少，才了蚕桑又插田"。《诗经·周颂》云"载芟，春籍田而祈社稷也"，每逢春耕，天子都要率诸侯行观耕藉田礼。至此中华五千年沉淀下了悠久深厚的农耕文明。

农耕文明是我国古代农业文明的主要载体，是孕育中华文明的重要组成部分，是中华文明立足传承之根基。中华民族在长达数千年的生息发展过程中，凭借着独特而多样的自然条件和人类的勤劳与智慧，创造了种类繁多、特色明显、经济与生态价值高度统一的传统农业生产系统，不仅推动了农业的发展，保障了百姓的生计，促进了社会的进步，也由此衍生和创造了悠久灿烂的中华文明，是老祖宗留给我们的宝贵遗产。千岭万壑中鳞次栉比的梯田，烟波浩渺的古茶庄园，波光粼粼和谐共生的稻鱼系统，广袤无垠的草原游牧部落，见证着祖先吃苦耐劳和生生不息的精神，孕育着自然美、生态美、人文美、和谐美。

重要农业文化遗产——传承保护

时至今日，我国农耕文化中的许多理念、思想和对自然规律的认知，在现代生活中仍具有很强的应用价值，在农民的日常生活和农业生产中仍起着潜移默化的作用，在保护民族特色、传承文化传统中发挥着重要的基础作用。挖掘、保护、传承和利用我国重要农业文化遗产，不仅对弘扬中华农业文化，增强国民对民族文化的认同感、自豪感，以及促进农业可持续发展具有重要意义，而且把重要农业文化遗产作为丰富休闲农业的历史文化资源和景观资源加以开发利用，能够增强产业发展后劲，带动遗产地农民就业增收，实现在利用中传承和保护。

习近平总书记曾在中央农村工作会议上指出，"农耕文化是我国农业的宝贵财富，是中华文化的重要组成部分，不仅不能丢，而且要不断发扬光大"。2015年，中央一号文件指出要"积极开发农业多种功能，挖掘乡村生态休闲、旅游观光、文化教育价值。扶持建设一批具有历史、地域、民族特点的特色景观旅游村镇，打造形式多样、特色鲜明的乡村旅游休闲产品"。2015政府工作报告提出"文化是民族的精神命脉和创造源泉。要践行社会主义核心价值观，弘扬中华优秀传统文化。重视文物、非物质文化遗产保护"。当前，深入贯彻中央有关决策部署，采取切实可行的措施，加快中国重要农业文化遗产的发掘、保护、传承和利用工作，是各级农业行政管理部门的一项重要职责和使命。

由于尚缺乏系统有效的保护，在经济快速发展、城镇化加快推进和现代技术应用的过程中，一些重要农业文化遗产正面临着被破坏、被遗忘、被抛弃的危险。近年来，农业部高度重视重要农业文化遗产挖掘保护工作，按照"在发掘中保护、在利用中传承"的思路，在全国部署开展了中国重要农业文化遗产发掘工作。发掘农业文化遗产的历史价值、文化和社会功能，探索传承的途径、方法，逐步形成中国重要农业文化遗产动态保护机制，努力实现文化、生态、社会和经济效益的统一，推动遗产地经济社会协调可持续发展。组建农业部全球重要农业文化遗产专家委员会，制定《中国重要农业文化遗产认定标准》《中国重要农业文化遗产申报书编写导则》和《农业文化遗产保护与发展规划编写导则》，指导有关省区市积极申报。认定了云南红河哈尼稻作梯田系统、江苏兴化垛田传统农业系统等39个中国重要农业文化遗产，其中全球重要农业文化遗产11个，数量占全球重要农业文化遗产总数的35%，目前，第三批中国重要农业文化遗产发掘工作也已启动。这些遗产包括传统稻作系统、特色农业系统、复合农业系统和传统特色果园等多种类型，具有悠久的历史渊源、独特的农业产品、丰富的生物资源、完善的知识技术体系以及较高的美学和文化价值，在活态性、适应性、复合性、战略性、多功能性和濒危性等方面具有显著特征。

重要农业文化遗产——灿烂辉煌

重要农业文化遗产有着源远流长的昨天，现今，我们致力于做好传承保护工作，相信未来将会迎来更加灿烂辉煌的明天。发掘农业文化遗产是传承弘扬中华文化的重要内容。农业文化遗产蕴含着天人合一、以人为本、取物顺时、循环利用的哲学思想，具有较高的经济、文化、生态、社会和科研价值，是中华民族的文化瑰宝。

未来工作要强调对于兼具生产功能、文化功能、生态功能等为一体的农业文化遗产的科学认识，不断完善管理办法，逐步建立"政府主导、多方参与、分级管理"的体制；强调"生产性保护"对于农业文化遗产保护的重要性，逐步建立农业文化遗产的动态保护与适应性管理机制，探索农业生态补偿、特色优质农产品开发、休闲农业与乡村旅游发展等方面的途径；深刻认识农业文化遗产保护的必要性、紧迫性、艰巨性，探索农业文化遗产保护与现代农业发展协调机制，特别要重视生态环境脆弱、民族文化丰厚、经济发展落后地区的农业文化遗产发掘、确定与保护、利用工作。各级农业行政管理部门要加大工作指导，对已经认定的中国重要农业文化遗产，督促遗产所在地按照要求树立遗产标识，按照申报时编制的保护发展规划和管理办法做好工作。要继续重点遴选重要农业文化遗产，列入中国重要农业文化遗产和全球重要农业文化遗产名录。同时要加大宣传推介，营造良好的社会环境，深挖农业文化遗产的精神内涵和精髓，并以动态保护的形式进行展示，能够向公众宣传优秀的生态哲学思想，提高大众的保护意识，带动全社会对民族文化的关注和认知，促进中华文化的传承和弘扬。

由农业部农产品加工局（乡镇企业局）指导，中国农业出版社出版的"中国重要农业文化遗产系列读本"是对我国农业文化遗产的一次系统真实的记录和生动的展示，相信丛书的出版将在我国重要文化遗产发掘保护中发挥重要意义和积极作用。未来，农耕文明的火种仍将亘古延续，和天地并存，与日月同辉，发掘和保护好祖先留下的这些宝贵财富，任重道远，我们将在这条道路上继续前行，力图为人类社会发展做出新贡献。

农业部党组成员

序言 2

　　自人类历史文明以来，勤劳的中国人民运用自己的聪明智慧，与自然共融共存，依山而住、傍水而居，经一代代的努力和积累创造出了悠久而灿烂的中华农耕文明，成为中华传统文化的重要基础和组成部分，并曾引领世界农业文明数千年，其中所蕴含的丰富的生态哲学思想和生态农业理念，至今对于国际可持续农业的发展依然具有重要的指导意义和参考价值。

　　针对工业化农业所造成的农业生物多样性丧失、农业生态系统功能退化、农业生态环境质量下降、农业可持续发展能力减弱、农业文化传承受阻等问题，联合国粮农组织（FAO）于2002年在全球环境基金（GEF）等国际组织和有关国家政府的支持下，发起了"全球重要农业文化遗产（GIAHS）"项目，以发掘、保护、利用、传承世界范围内具有重要意义的，包括农业物种资源与生物多样性、传统知识和技术、农业生态与文化景观、农业可持续发展模式等在内的传统农业系统。

　　全球重要农业文化遗产的概念和理念甫一提出，就得到了国际社会的广泛响应和支持。截至2014年底，已有13个国家的31项传统农业系统被列入GIAHS保护名录。经过努力，在今年6月刚刚结束的联合国粮农组织大会上，已明确将GIAHS工作作为一项重要工作，并纳入常规预算支持。

中国是最早响应并积极支持该项工作的国家之一，并在全球重要农业文化遗产申报与保护、中国重要农业文化遗产发掘与保护、推进重要农业文化遗产领域的国际合作、促进遗产地居民和全社会农业文化遗产保护意识的提高、促进遗产地经济社会可持续发展和传统文化传承、人才培养与能力建设、农业文化遗产价值评估和动态保护机制与途径探索等方面取得了令世人瞩目的成绩，成为全球农业文化遗产保护的榜样，成为理论和实践高度融合的新的学科生长点、农业国际合作的特色工作、美丽乡村建设和农村生态文明建设的重要抓手。自2005年"浙江青田稻鱼共生系统"被列为首批"全球重要农业文化遗产系统"以来的10年间，我国已拥有11个全球重要农业文化遗产，居于世界各国之首；2012年开展中国重要农业文化遗产发掘与保护，2013年和2014年共有39个项目得到认定，成为最早开展国家级农业文化遗产发掘与保护的国家；重要农业文化遗产管理的体制与机制趋于完善，并初步建立了"保护优先、合理利用，整体保护、协调发展，动态保护、功能拓展，多方参与、惠益共享"的保护方针和"政府主导、分级管理、多方参与"的管理机制；从历史文化、系统功能、动态保护、发展战略等方面开展了多学科综合研究，初步形成了一支包括农业历史、农业生态、农业经济、农业政策、农业旅游、乡村发展、农业民俗以及民族学与人类学等领域专家在内的研究队伍；通过技术指导、示范带动等多种途径，有效保护了遗产地农业生物多样性与传统文化，促进了农业与农村的可持续发展，提高了农户的文化自觉性和自豪感，改善了农村生态环境，带动了休闲农业与乡村旅游的发展，提高了农民收入与农村经济发展水平，产生了良好的生态效益、社会效益和经济效益。

习近平总书记指出，农耕文化是我国农业的宝贵财富，是中华文化的重要组成部分，不仅不能丢，而且要不断发扬光大。农村是我国传统文明的发源地，乡土文化的根不能断，农村不能成为荒芜的农村、留守的农村、记忆中的故园。这是对我国农业文化遗产重要性的高度概括，也为我国农业文化遗产的保护与发展指明了方向。

　　尽管中国在农业文化遗产保护与发展上已处于世界领先地位，但比较而言仍然属于"新生事物"，仍有很多人对农业文化遗产的价值和保护重要性缺乏认识，加强科普宣传仍然有很长的路要走。在农业部农产品加工局（乡镇企业局）的支持下，中国农业出版社组织、闵庆文研究员担任丛书主编的这套"中国重要农业文化遗产系列读本"，无疑是农业文化遗产保护宣传方面的一个有益尝试。每本书均由参与遗产申报的科研人员和地方管理人员共同完成，力图以朴实的语言、图文并茂的形式，全面介绍各农业文化遗产的系统特征与价值、传统知识与技术、生态文化与景观以及保护与发展等内容，并附以地方旅游景点、特色饮食、天气条件。可以说，这套书既是读者了解我国农业文化遗产宝贵财富的参考书，同时又是一套农业文化遗产地旅游的导游书。

　　我十分乐意向大家推荐这套丛书，也期望通过这套书的出版发行，使更多的人关注和参与到农业文化遗产的保护工作中来，为我国农业文化的传承与弘扬、农业的可持续发展、美丽乡村的建设作出贡献。

　　是为序。

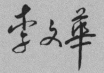

中国工程院院士

联合国粮农组织全球重要农业文化遗产指导委员会主席

农业部全球/中国重要农业文化遗产专家委员会主任委员

中国农学会农业文化遗产分会主任委员

中国科学院地理科学与资源研究所自然与文化遗产研究中心主任

2015年6月30日

前言

位于首都北京西北150千米处的宣化古城，不仅有"京西第一府"之称，还享有"葡萄城"的美誉。据史书记载，宣化葡萄最早引进栽培时间为唐代，距今已有1 300多年的栽培历史。如今，在宣化古城的观后村里，有一株600多岁的古葡萄藤，依然枝繁叶茂、硕果累累，见证着宣化葡萄的发展历程。宣化传统葡萄园以庭院式栽培为主，至今仍大量沿用传统的漏斗架及多株穴植栽培方式，是一种古老的传统架式，大多是百年以上的老架。主蔓有碗口粗细，藤蔓从主根出发以锥形向四周均匀发布，架身向上倾斜30°~35°，呈放射状，整架葡萄形如一个大漏斗，故此得名。"内方外圆"优美独特的漏斗架，体现了"天圆地方"的文化内涵，且景观美学价值很高，适于观赏和乘凉休闲。这种架式还具有肥源集中、水源集中、光源集中以及抗风、抗寒等优点。漏斗架式葡萄园是祖先留下来的文化遗产，具有重要的历史研究价值和文化内涵。"河北宣化城市传统葡萄园"于2013年被列入全球重要农业文化遗产保护名录，同年被列入首批"中国重要农业文化遗产保护项目"，是中国和全球重要农业文化遗产的典型代表，更是全球第一个以"城市农业文化遗产"命名的传统农业系统。

本书是中国农业出版社生活文教分社策划出版的"中国重要农业文化遗产系列读本"之一，旨在科普与宣传河北宣化城市传统葡萄园这一重要农业文化遗产，提高全社会对农业文化遗产及其价值的认识和保护意识。全书包括八个部分："引言"介绍了宣化城市传统葡萄园的概况；"走进宣化葡萄园"介绍了宣化葡萄园的发展历程及其独特性和创造性；"葡萄与人的情结"介绍了葡萄的多重营养价值以及传统葡萄园在经济、文化方面的价值；"生态服务功能"从生物多样性、小气候调节、养分循环、碳储存和游憩休闲等方面介绍了传统葡萄园的生态价值；"葡萄文化初揽"介绍了相关的文学艺术作品；"栽培管理技术"介绍了宣化葡萄栽培的技术与知识体系；"璀璨明珠、辉煌明天"介绍了当前的威胁、机遇以及发展对策；"附录"部分介绍了遗产地旅游资讯、遗产保护大事记及全球/中国重要农业文化遗产名录。

本书是在宣化城市传统葡萄园农业文化遗产申报文本和保护与发展规划的基础上，通过进一步调研编写完成的，是集体智慧的结晶。全书由闵庆文、孙业红设计框架，闵庆文、孙业红、孙辉亮、许中旗统稿。本书编写过程中，得到了李文华院士的具体指导和宣化区有关部门和领导的大力支持，在此一并表示感谢！

由于水平有限，难免存在不当甚至谬误之处，敬请读者批评指正。

编　者

2015年7月

目　录

张家口市宣化区地处河北省西北部，北纬40°37′，东经115°03′，东南距首都北京150千米，西连晋蒙，北依明长城，南跨桑干河，腹穿洋河与京包铁路。宣化全区辖河子西、春光、侯家庙3个乡，庞家堡1个镇，54个行政村。总面积264平方千米，建成区面积38平方千米，人口42万。山川秀美，人杰地灵。

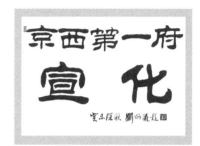

气候属半干旱大陆性季风气候，全年无霜期140天，年平均气温7℃，最低气温–25.8℃，极端最高气温39.4℃。年日照时数为2 881小时，年降雨量为400毫米左右，四季分明、无霜期短、光照时间集中、昼夜温差大。宣化地处燕山山脉北缘，既有黄河流域的文化特征，又有北方红山文化的遗存，是中华民族南北文化交融汇聚的中心地带，拥有深厚的文化积淀，素有"京西第一府"之美誉。

京西第一府

宣化古城历史悠久。早在2 300年前的战国时期，宣化称为上谷郡，后来成为秦朝的36郡之一。汉朝时称下洛县，唐朝时称为武州，在辽统治时期称为归化州，至元朝建立宣德府，明朝建立宣府镇，清康熙三十二年（1693年）改称直隶省宣化府，寓意"宣扬朝廷德政，教化黎民百姓"。宣化是北京西北万里长城上的屏障，素有"神京屏翰"之称。历代都是郡、府、州、县的政府所在地，也是北京西北地区的政治军事、交通运输、经济商贸和文化教育中心。抗日战争胜利后宣化曾是察哈尔民主政权的省会，新中国成立后撤省并市，划归河北省张家口市。

现存的宣化古城扩建于明代初期，已有600多年的历史，规模宏大，周长12 120米，面积为9.7平方千米。宣化西南60千米处有世界著名的泥河湾旧石器遗址。近年的考古发现证实，这里早在200万年前就有古人类生存。历史上宣化是汉族和北方少数民族共存的地域，自古就是内地与边陲进行贸易的地方。多民族交融的历史创造了宣化地区光辉灿烂的文化。另外，宣化因为地理位置险要，又处于交通要道，

宣化古城

成为历代兵家必争之地，是一座名副其实的"军城"。至今宣化境内仍保存着许多古城墙、古街道、古建筑、古寺庙、古民居、古遗址、古墓葬和一些近现代旧址，是河北省十大历史文化名城之一。

宣化牛奶葡萄属欧亚种，是宣化的特色产品，因其形似奶牛乳头而得名。宣化葡萄源远流长，距今已有1 300多年的栽培历史。相传，宣化最早的一架葡萄是

宣化牛奶葡萄

在弥陀寺院内，为一和尚从内地引入，以后逐渐引栽到农家房前屋后，供自食及纳凉、观赏。

唐代时，宣化葡萄主要是在寺庙中种植。《宣化府志·典杞志》称：……弥陀寺位于宣化城北部，这里地势平整，土地肥沃，水源充足，柳川河水可为常年灌溉之用，是葡萄种植生长的最佳地域。

辽金时期，宣化葡萄已初具规模，不再局限于寺庙内栽培，逐步扩展到一些大户人家。1993年，在辽代张匡正墓中出土了葡萄果实和葡萄酒。据史志记载，金代诗人刘迎咏《上谷》诗中已有"葡萄秋倒架，芍药春满树"之句。

元代朝廷曾有人提出从宣德（宣化）迁移万余农户到新疆种植葡萄和农田的建议，但因丞相耶律楚材阻止，未能实施。明清时代，葡萄栽培逐渐盛行起来，但栽培规模较小。到了近代，特别是1909年京张铁路建成通车后，宣化葡萄的种植规模迅速发展起来。1900年，慈禧太后和光绪皇帝来到宣化，品尝白牛奶葡萄后，赞曰："此乃果中佳品，朝廷必备……"。1909年，清政府选送宣化牛奶葡萄，

宣化城市传统葡萄园

参加"巴拿马万国博览会",获得"荣誉产品奖"。

20世纪20~30年代,宣化葡萄种植面积多时达1万余架,年产量达1 500吨,销售地区"东至京津、西达张家口、大同、集宁、绥远、包头,并远及南洋与国外"。除本地客商收购外,京津的鲜货客商也会每年到宣化来购买葡萄。

新中国成立后,宣化葡萄开始逐渐畅销国际市场。改革开放以后,由于人民生活水平的提高和种植园地的限制,宣化葡萄已满足不了国内的需求,因此停止出口。宣化历届政府都很重视葡萄栽培,专门成立了葡萄研究所,使宣化葡萄得以传承和发展。

时光荏苒,悠悠千年。宣化葡萄不仅没有失去历史的光辉,而且焕发出夺目的光彩,成为宣化一张独具魅力的城市

美丽的葡萄景色

名片。1988年，宣化有传统葡萄园1 581亩*，葡萄5 699架，后来又增加了600亩。为使其高产稳产，宣化葡萄研究所在葡萄催熟、保鲜、病虫害防治以及品质提高等方面进行了大量科学研究，同时对传统管理技术进行了改造试验，使其产量明显提高。1988—1994年，宣化区委区政府连续举办了7届"中国宣化葡萄节"，收

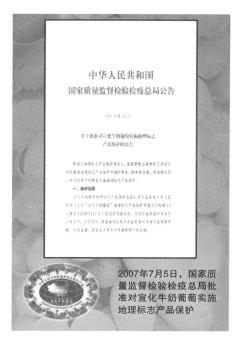

2007年7月5日，国家质量监督检验检疫总局批准对宣化牛奶葡萄实施地理标志产品保护

地理标志产品

全球重要农业文化遗产

中国重要农业文化遗产

《美丽宣化葡萄鲜》   宣化文警 宋建国

葡萄剪纸

---

* 亩为非法定计量单位。1亩≈667平方米，余同。——编者注

到了良好的经济效益和社会效益。1997年，宣化葡萄在河北省首届农展会上被评为名牌产品，1999年又获昆明世博会铜奖。2009年，宣化牛奶葡萄获得了中国农产品区域公用品牌价值百强奖。2011年，宣化葡萄又荣获中国农产品区域公用品牌消费者最喜爱的100个品牌之一称号。2013年6月宣化葡萄被联合国粮农组织列为全球重要农业文化遗产，同年被农业部列为首批中国重要农业文化遗产。

经过千年的传承和发展，"宣化城市传统葡萄园"已经与当地人民的生活紧密联系在一起，形成了具有经济、社会和生态综合效益的农业生产系统。当地人民在葡萄种质资源保护和利用方面，形成了独具特色的牛奶葡萄，驰名中外；传统漏斗架式葡萄园的栽培，维持了葡萄园丰富的农业生物多样性，并调节了园内的温度、湿度等小气候，提供了良好的生态服务；漫长的历史中，人们对于宣化葡萄寄托了美好的感情，无论是平民百姓还是文人墨客，通过文学艺术表达了对葡萄的喜爱和赞美之情；在葡萄的生产过程中，通过不断探索，当地人逐渐形成了从育苗管理到最后采摘贮藏整个过程完善的技术知识体系，具有丰富的实用价值。

一

走近宣化葡萄园

葡萄属于落叶藤本植物，很久以前人们便开始种植这种果树，其产量占全世界水果的近1/4。宣化自古以来以盛产葡萄闻名，自唐代便开始葡萄种植和栽培，素有"葡萄城"的美誉。这里的牛奶葡萄独具特色，传统的漏斗架栽培方式世界罕见。作为目前唯一的城市农业文化遗产，宣化葡萄驰名中外、闻名遐迩。

宣化牛奶葡萄

（一） 国内外的葡萄园

葡萄和葡萄园由于历史价值和对社区生计的支持一直广受人们关注。从世界范围来看，葡萄园的种植面积在不断扩大，但仍呈现出欧洲中心主义的特点。

① 世界葡萄园的分布特征和影响因素

（1）世界葡萄园的分布特征

葡萄和葡萄园文化在世界上有悠久的历史。最初的葡萄文化与葡萄酒密不可分，泥板文献、埃及的壁画墓葬等都为葡萄酒的悠久历史提供了证据。

葡萄酒在公元前1100年左右经由腓尼基人和希腊人传至意大利、法国和西班牙等主要葡萄种植国，普罗旺斯、西西里岛、亚平宁半岛和黑海地区已经开始了最早的葡萄园文化，葡萄园大多位于河谷等天然的交通要道，便于运输。公元1世纪，卢瓦尔河和莱茵河流域开始种植葡萄，2世纪时勃艮第也开始种植，巴黎、香槟区和莫索则在公元4世纪开始出现葡萄园，这些葡萄园就是今日法国葡萄园的基础。

近些年来，亚洲国家的葡萄园种植面积不断扩大，但很多国家的葡萄生产不是专为生产葡萄酒，大部分葡萄被用来鲜食和加工成葡萄干，如中国、伊朗、印度等。

全球的葡萄园种植主要呈现出以下分布特征：① 分布范围广。除了南极洲，其他大洲均有葡萄园，而欧洲的分布最广，接近世界葡萄总面积的57.8%，其中最主要的国家包括西班牙、法国、意大利、葡萄牙等。从面积上来看，西班牙居世界首位，2007年共有葡萄园116.9万公顷，其次是法国和意大利。② 分布范围不断扩大。20世纪90年代以后，美洲和澳洲也逐渐成为举足轻重的葡萄园种植地区，澳大利亚、新西兰、美国和智利增加了很多新的葡萄园。亚洲国家的葡萄

种植面积也不断增加，其中中国、印度等都是代表性国家。从2001年以来，亚洲（特别是中国）葡萄栽培面积的增加，成为世界葡萄栽培面积增长的主要原因。

（2）世界葡萄园分布的影响因素

① 自然条件是影响葡萄园分布的最主要因素，主要包括温度、光照、坡度、降水和土壤等因子。一般来讲，世界上大部分葡萄园分布在北纬20°~52°及南纬30°~45°，主要集中在北半球。海拔多在400~600米。

世界葡萄园分布的影响因素

影响因子	对葡萄的影响
温度	影响葡萄果实品质最重要的气象因素，影响葡萄的花芽分化、开花和结实等
光照	影响果实品质，在大地形条件相似情况下，不同坡向的小气候有明显差异。通常以南向坡地受光热较多，平日气温较高
坡度	坡地向南每倾斜1°，相当于推进1纬度。受热最多的坡地角度为20°~35°（在北纬40°~50°范围）
降水	降水的多寡和季节分配，强烈地影响葡萄的生长和发育、葡萄果实的大小、质地、汁水和风味等
土壤	为葡萄的生长过程提供必要的水分和营养，土壤状况在很大程度上决定了葡萄果实的产量和品质

② 全球对葡萄酒产量的追求是葡萄园种植面积扩大的重要原因。欧洲种植葡萄主要是酿酒的需要。目前法国的波尔多地区博物馆中还保留有满载货物和税收的罗马葡萄酒船石造模型，据考证是一开始从意大利和希腊进口葡萄酒的酒商中心，然后才开始开创当地的葡萄园种植。人们对葡萄酒的疯狂热爱使得葡萄园面积不断扩大。

③ 全球气候变化也是葡萄园分布变化的重要原因之一。气候研究政府间组织（GIEC）的数据表明，如果气候变暖的范围在±2℃左右，对某些葡萄品种的影响是

葡萄酒

有限的，可能还会有益处。如对于高纬度地区葡萄园来讲，全球气候变暖让加拿大、英国等地区的葡萄可以保证自然成熟。但如果温度增高到3~5℃，就需要考虑灌溉的问题，如在地中海地区、澳大利亚、南非和加利福尼亚等地区。然而，随着气候变化，葡萄种植区域纬度将会上移。研究表明，气候变化可能导致伊比利亚半岛向半荒漠地带转变，因此，西班牙酿酒商不得不考虑将葡萄树移植到高地处，躲避酷热的环境，因为高热会对葡萄的正常成熟造成很大危害。

④ 从生产和管理技术上来看，随着人们对食品安全的重视，有机葡萄生产成为一种趋势。全球很多地区的葡萄农都了解到可持续经营的重要性和必要性，因此采用绿色的生产和经营方法。为了更好地管理葡萄园，很多葡萄生产户会采用高科技手段，如冷藏和灌溉技术的提高使得传统葡萄种植地区可以往赤道方向推进，比如澳大利亚、美国加州和西班牙的某些地区，这些地方对水源的需求是最大的限制因子。很多葡萄生产户也会使用GPS卫星定位手段来分析其葡萄园在区域内所处的地位，从而推动了葡萄种植的区域均衡性。

⑤ 国际组织对葡萄园的重视促进了人们对葡萄园的保护。截至2011年，全球范围内有9个葡萄园被联合国教科文组织列入世界遗产名录，分布在法国、葡萄牙、奥地利、匈牙利、德国、墨西哥、瑞士等国家，其中有8项集中在欧洲，反映出明显的欧洲中心主义特点。从时间上来看，仅2000—2005年就有6项葡萄园被列入世界遗产名录，另外在后备名单中还有许多葡萄园的类型，充分反映出国际社会对葡萄园的重视。

❷ 中国葡萄园的栽植历史和分布特征

（1）中国葡萄园的栽植历史

据国际葡萄与葡萄酒组织OIV数据表明，中国的葡萄园总面积在2003年已经达到过去10年的3倍，成为全球第六大葡萄酒生产国。2007年，中国的葡萄园种植面积达到了49万公顷，占世界葡萄园总面积的6.2%，居世界葡萄种植面积的第五位。

我国最早关于葡萄的文字记载见于《诗经》。《诗·幽风·七月》："六月食郁

葡萄园

及荬，七月亨葵及菽。八月剥枣，十月获稻，为此春酒，以介眉寿。"说明在殷商时代人们就开始采集各种野葡萄。目前我国的栽培葡萄是汉武帝年间由张骞出使西域时从大宛国（今中亚的塔什干地区）带回的。在引进葡萄的同时，还引进了葡萄酿酒艺人，从此开始了我国的葡萄酿酒业。葡萄自西域引进后，先到新疆，后经甘肃河西走廊至陕西西安，然后传至华北、东北及其他地区。自119年前，张裕就开始在中国种植葡萄，酿造不同类型的葡萄酒。目前已在北纬37°~43°酿酒葡萄黄金种植地带的烟台、新疆、宁夏、陕西、辽宁、北京6个优质产区建有25万亩葡萄基地。

（2）中国葡萄园的分布特征

中国的葡萄分布也主要受到温度、降水、日照、地形地势、土壤等地理因素的影响。从分布上来看，我国的葡萄主要集中在北纬25°~45°的北部地区。目前中国1/5的葡萄产自新疆，甘肃、宁夏、陕西、陕西、河北、河南、天津、北京、吉林、云南等地区也是主要的葡萄产区。

按照行政区为单位，我国可划分为七大葡萄产区，即东北中北部产区、西北产区、黄土高原产区、环渤海产区、黄河故道产区、南方产区和云贵半湿润产区。

中国的七大葡萄产区

葡萄产区名称	包含省份	葡萄品种	特点
东北中北部产区	吉林、黑龙江	主要为欧美杂种次适区或特殊栽培区，山葡萄及山欧杂种适应区或次适区。栽培早、中熟品种，主要种植黑虎香、美洲红、康拜尔、尼加拉、贝达、甜峰、早生高墨、无核白等	属寒冷半湿润、湿润气候区，气候冷凉，冬季严寒需重度埋土防寒，活动积温不足和生育期短。
西北产区	新疆、甘肃、宁夏、内蒙古	主要种植新疆无核白、马奶子、兰州大圆葡萄、宁夏大青葡萄、内蒙古托县葡萄	我国最古老的葡萄产区。除了甘南地区，北区降水量少，只能靠河水或雪水灌溉
黄土高原产区	陕西、山西省	主要种植巨峰、龙眼、玫瑰香、无核白等	大部分属于温带和温带半湿润区，部分属半干旱区。纬度跨度大和地势、地形的多样性，各种栽培种的葡萄都可以种植
环渤海产区	辽宁、河北、山东及京津地区	欧亚杂种品种栽植的适宜区。主要种植鲜食葡萄，如巨峰、玫瑰香、龙眼、牛奶等	我国目前最大的葡萄产区。属暖温带半湿润区。少数地区为中温带半干旱区和半湿润区，也是我国最早的现代葡萄酒产地，我国最大的葡萄酒酿制基地，所产葡萄酒占全国的70%左右
黄河故道产区	河南及鲁西南、苏北、皖北等部分地区	欧美杂种及部分欧亚种品种的栽培区，主要种植季米亚特、红玫瑰、巴米、龙眼等	亚热带和暖温带湿润气候，冬季无需埋土防寒
南方产区	含长江流域及以南13个省区	美洲种和欧美杂种品种次适宜区或特殊栽培区，主要种植品种为巨峰、红富士、白香蕉、玫瑰露、郁金香等	主要为长江中下游以南的亚热带、热带湿润区

续表

葡萄产区名称	包含省份	葡萄品种	特点
云贵半湿润产区	南方产区中云南、贵州、四川西部长江上游河谷降雨较少的半湿润气候区	适宜栽植欧美杂种及欧亚种品种。种植的主要品种包括玫瑰蜜、水晶、黑虎香、白香蕉等	高原半湿润区气候垂直分布，差异较大

不同的葡萄品种

（二）　宣化葡萄的发展历程

　　唐代河北道的河朔地区，河东道的代州、平城（大同）都是葡萄种植比较广泛的地区。唐代的宣化先属河北道管辖，后属河东道管辖，地理位置、气候条件都非常适合葡萄种植和栽培。宣化葡萄最早种植在寺院里，在唐代寺院中有种植葡萄的传统。也有资料显示唐朝人刘怦是宣化葡萄引种的第一人。刘怦在唐代宗大历九年（即公元774年），因军功升至雄武军刺史，在雄武军（现在的宣化）广泛屯田，并以节省费用，善于办理事务著称。当时，宣化经济非常发达，经济繁荣促进了葡萄的种植，在宣化城内官府、富豪、寺庙内均普遍种植葡萄。适合庭院种植，便于观赏的漏斗架种植方式正是在这一时期逐步形成，并传承至今。

宣化传统庭院漏斗架葡萄

　　辽代，宣化葡萄种植有了进一步发展，1993年，在宣化城西下八里村北大规模考古活动中，发现十余座辽代墓葬，其中一座保存完整的张文藻墓中出土了整串但已干瘪的葡萄，保存完好，是目前为止国内发现的唯一一例古代葡萄实例。同时出土的还有盛放在鸡腿瓶中整瓶的液体，经国家文物鉴定中心鉴定，瓶中盛放的粉红色液体为葡萄酒。同时发现的墓室壁画《温酒图》和《弹唱图》中都有

张文藻墓中出土的葡萄

辽代《温酒图》

辽代《弹唱图》

盛酒的鸡腿瓶，特别是这幅《弹唱图》，表现的是女性墓主人闲暇之时，一边听着民间弹唱，一边吃着水果、糕点，一边品尝着美酒的情景。当时品尝的美酒就是自制的葡萄酒。这次考古发现是宣化葡萄种植史乃至全国葡萄种植史以及葡萄酒酿造史上的重大发现，证实了辽代种植葡萄和酿制葡萄酒当时在民间已广为流行。

辽宋时期，葡萄的栽培方法已早有记载，宋代名医唐慎微撰写的《政类本草》一书中有："葡萄不禁冬，北方须埋蔓，防冻"的记载。《大金国志》也有："北方严寒处，葡萄至八月则倒置地中，封土数尺，覆其枝干，季春出之，厚培其根，否则冻死。"关于葡萄的扦插技术、嫁接技术在历史文献中也都有记载。

宣化辽墓出土葡萄有一现象十分值得关注，从出土墓志得知张文藻下葬的时间是辽大安九年（1093年）农历四月十五日，按阳历推算应该在5月中旬。这不是当地葡萄成熟季节，如此推断张文藻墓随葬的葡萄只能是前一年采摘保存过冬的葡萄，由此证明早在一千多年前的辽代，果农就已经掌握了葡萄越冬的贮藏保鲜技术。

关于葡萄的贮藏与保鲜，辽宋时期出现了一种新方法。在北宋大文学家苏轼的《格物粗谈》中记述："十二月，洗洁净瓶或小缸，盛腊水，遇时果出，用铜青末与果同入腊水收贮，颜色不变如鲜"，葡萄等果"皆可收藏。"（腊水：即蜡粉水，是一种表面处理剂。铜青末：中药，又称铜绿。）

元代，宣化葡萄的种植已相当普遍，颇具规模。据《元史·耶律楚材传》记载："帝令于西京宣德（宣化），徙万余户充之西域，种田与栽蒲萄。楚材曰：'先帝遗诏，山后民质朴，无异国人，缓急可用，不宜轻动，'帝可其奏。"万

宣化辽壁画墓群

余户中虽不都是葡萄种植户，但不难看出种植葡萄的农户一定相当多。在宣化城中观后街的一处葡萄园内，至今还保留着600多年的元代葡萄老藤。

明代，宣化成为长城九边之首的军事重镇——宣府镇，驻军高达五、六万人。城内布满兵营，葡萄种植多在城北柳川河两岸。

清代，驻军锐减，城内北部、西部土地空置，大批葡萄农在此种植葡萄，使宣化葡萄种植达到了空前的规模。

保存下来的历代地方志：《宣府镇志》《宣化府志》《宣化县志》《宣化县新志》上都有种植葡萄的记载。1922年编印的《宣化县新志》记述：宣化葡萄有三种："白葡萄，味甘皮薄，已熟者能切成薄片。赤葡萄，形似乳，土人谓之马乳葡萄，经冬则味变。红葡萄，色微红，迟熟，皮厚，蒂甚长，味甘微酸。能耐冬，次年五、六月优有藏储者。"

关于葡萄的销售，《宣化县新志》中写道："关内人来贩葡萄者甚多，价值越昂，销路越广。城内园地有增无减，而北街葡萄尤为发达……"

相传，辽代的萧太后、明代的李自成、清代的慈禧太后都曾在宣化品尝葡萄。清代还将宣化的白牛奶葡萄定为"皇家贡品"。1909年宣化白牛奶葡萄还曾在巴拿马"万国物产博览会"获奖，作为葡萄产品中的佼佼者享誉全国，声名海外。

20世纪20~30年代，宣化葡萄种植达到了高峰时期，据1938年出版的《宣化盆地》一书记载："宣化葡萄声闻遐迩，北平所食用的葡萄来自宣化的很多，但

只限宣化城内及北门外近城处。而宣化城内亦只限于清远楼（即钟楼）以北，清远楼以南则绝无此项出产"。"宣化葡萄比较有经济价值"，此时的葡萄种植面积已达1 600多亩，6 150余架，年产量达到68万公斤*。"除北京外，宣化葡萄每年都大量销往其他省市，据1951年出版的《察哈尔土产》一书介绍，宣化葡萄每年销售"东至北京、天津，西达张家口、大同、集宁、绥远、包头，并远及香港、南洋与国外"。除本地果商收购外，京津鲜货客商每到处暑前后葡萄结果时，都争相来到宣化，挑选好的葡萄整架订购，等到葡萄下架后，再来车运走。宣化农业属于城郊型农业，精品葡萄是该区三大农业主导产业之一。2011年，全区葡萄总面积1 570.14亩，其中圆架2 464架，排架1 224排，葡萄年产量1 659.5吨，年葡萄产值880.23万元，平均亩产值5 606.06元。

宣化葡萄作为一种新鲜水果，不仅是重要的宴请、赠送、进贡礼品，而且还有很大的经济价值，在增加地方经济收入方面起到了重要作用。宣化葡萄种植作为一种农业技艺，一种实物载体，传承的是悠久历史、优秀文化、一种不断发展的先进科学技术体现的是宣化古代先民的聪明才智和先进的生产技术。

宣化牛奶葡萄

---

*公斤为非法定计量单位，1公斤＝1千克。余同。——编者注

（三）宣化葡萄的独特性

❶ 宣化牛奶葡萄

宣化素有"葡萄城"之称，所产葡萄驰名中外，是我国五大葡萄产地之一。宣化葡萄分白葡萄和紫葡萄两大类。白葡萄又分白牛奶、白香蕉、大马牙等品种；紫葡萄分老虎眼（龙眼葡萄）、秋紫、玫瑰香、李子香、马奶子、马热子、肉丁香等10余种。每个品种各有特色，其中白牛奶葡萄产量最多、最为著名。

牛奶葡萄属欧亚种东方品种群，是我国古老、稀有的品种，在宣化广为栽培。牛奶葡萄品质优良、风味独特，果实含丰富的矿物质、维生素等多种营养成分，既能鲜食又是加工原料（酿酒），还可以拔丝入菜。它皮薄、肉厚、素有"刀切葡萄不流汁"的美誉，多食不厌。其果称为分枝形，每穗平均重486~620克，最大穗1 850克，长25厘米，宽20厘米，果枝上多为单穗。果粒呈长圆形，如牛的乳头，纵径31.6毫米，横径19.2毫米，每500克92~95粒，平均粒重7.5克，含糖量12%~15%，含酸量0.47%~0.50%。一般中秋节采收，故又是当地居民中秋佳节的必备果品和馈赠亲友的珍爱礼品。从20世纪50年代起，每年产量在1 000吨左右，最高年产量达2 000吨。白牛奶葡萄一直是国际市场上的名贵品种和抢手名产之一，远销英国、中国香港等十几个国家和地区，深受国际友人和国人的青睐。

❷ 适宜的自然条件

北纬40°分割线，是世界葡萄专家公认的高品质葡萄生产生命线。北纬40°的阳光格外适合葡萄的生长和成熟，而山地、丘陵也恰恰是葡萄树最适合的生长地理环境。法国、意大利、德国、西班牙等诸多国家的葡萄酒名庄都在这条纬度上。

特殊的地域特征决定了宣化牛奶葡萄的优良品质。宣化区地处冀西北山间盆

宣化牛奶葡萄

地至宣化盆地的北缘，北纬40°31′，东经115°2′。宣化盆地是一个典型的新生代山间河谷断裂凹陷盆地，呈西北至东南方向展布，中心部位有洋河自西向东南穿流而过，盆地四周群山环抱，地势东北高、西南低，逐渐倾斜。平原、河川与山地、丘陵面积各半。地下水源丰富，灌溉条件良好。土壤pH为8~8.5，富含碳酸钙，钙、钾质，对葡萄糖分转化、根系发育、叶片的同化率提高等极为有利。因此，宣化牛奶葡萄不仅品质好，而且含糖量也明显增加，果肉脆而多汁。

优越的气候条件是宣化牛奶葡萄质量的保证。宣化属东亚大陆性温带季风气候区，夏季凉爽，冬季寒冷，春季多风沙。年平均日照时数2 881小时，年平均气温7℃，年平均降水量400毫米左右，年平均无霜期140天，无重霜期，最晚终霜在5月中下旬。因此，空气干燥，雨量较少，大气透明度好，光能资源十分丰富，有利于葡萄的生长和品质的提高。

独特的地形地貌，气候四季分明、光照充足、无霜期短、光照时间比较集中、降雨普遍低、昼夜温差较大等特有的地理环境特点，孕育了宣化牛奶葡萄粒大、皮薄、肉厚、味甜、品质好、酸甜比适中的独有品质。

（四） 宣化葡萄的创造性

宣化牛奶葡萄采用漏斗式圆形架栽培，不同于其他地区的排架式，具有独特的景观造型，世界罕见。这种架式始于公元907年的辽金时期，下部小并逐渐向空中生长延伸，在土、水、肥、气候的利用和架形上独树一帜，其漏斗形葡萄架具有明显的遮阴作用，在炎热的夏季形成凉爽宜人的庭院小气候，为居民提供了舒适的休憩场所。漏斗架的周围栽种了多种作物、花卉等，保证了生物多样性，形成了独特的农业生态系统景观。

漏斗形架式是棚架的一种，架材为粗细不等的木材，有的架材要求有一定的弧度，架的中心为直径3~5米、深0.2~0.4米的圆形定植坑，坑的中心有一个直径1~2米的圆台，架面倾斜度为30°~35°，呈圆弧形，向各个方向伸展，好似孔雀开屏，像是一个插在地上的漏斗，又像是一个用葡萄藤蔓织成的大碗。架根高约30厘米，架梢高2.5~3米。架的直径达10~15米，一般每亩3~5架。葡萄种植于中心定植坑内，向四周分出许多主蔓，各级枝蔓呈扇形分布在圆形架上。

近几年，来宣化葡萄研究所交流访问的意大利、法国、亚美尼亚等国的葡萄专家见到漏斗架葡萄后，称闻所未闻，都惊奇不已。而我国专家看法一致，都认为漏斗架是我国的一种古老架式，曾经在历史上有较为广泛的应用，但现在这种架式已是非常罕见，只有在宣化有较大面积应用。

漏斗式葡萄架

宣化传统庭院漏斗架葡萄

宣化传统庭院漏斗架葡萄

宣化传统庭院漏斗架葡萄（冯延军/摄）

据说，漏斗式葡萄架也是唐朝弥勒寺的老僧从佛家对于"圆"以及"功德圆满"的教化中得到启示，设计出了大似盛开莲花的葡萄架。这种形似漏斗的大棚架，像极了莲花盆，造就了宣化牛奶葡萄的独特品质。

这种架式的优点是：① 需土量少。研究表明，发展1亩漏斗架葡萄所需土壤，仅占发展1亩倾斜式棚篱架所需土壤的50%左右。② 省水。试验表明，浇灌漏斗架葡萄比浇灌同面积的倾斜式棚篱架葡萄省水40%以上。③ 产量高且稳产性好。④ 架形美观。

二

葡萄与人的情结

自从1 300多年前，葡萄扎根在宣化这片土地上，宣化葡萄和宣化人便紧紧地联系在一起，经历了千年的时代更迭，宣化有了"葡萄城"的美誉，而宣化的牛奶葡萄也已驰名中外。葡萄早已渗透到人们的生活中，无论是在劳动生产过程中，还是在民俗文化发展过程中，葡萄和人之间的情结已深深交织在一起。

（一） 营养：食药价值

❶ 营养价值

葡萄的营养价值很高，葡萄汁被科学家誉为"植物奶"。葡萄含糖量达8%~10%，大部分是容易被人体直接吸收的葡萄糖，所以是消化能力较弱者的理想果品。当人体出现低血糖时，若及时饮用葡萄汁，可很快缓解症状。

葡萄中的多量果酸有助于消化，适当多吃葡萄，能健脾和胃。葡萄中含有钙、磷、铁、钾、葡萄糖、果糖、蛋白质、酒石酸以及维生素B_1、维生素B_2、维生素B_6、维生素C、维生素P等，还含有多种人体所需的氨基酸，常食葡萄对神经衰弱、疲劳过度大有裨益，此外它还含有多种具有生理功能的物质。把葡萄制成葡萄干后，糖和铁的含量会相对高，是妇女、儿童和体弱贫血者的滋补佳品。

葡萄果肉含葡萄糖、果糖，少量蔗糖、木糖，酒石酸、草酸、柠檬酸、苹果酸、红酒多酚、单葡萄糖苷和双葡萄糖苷、焦性儿茶酚、没食子儿茶精和没食子酸盐等。每100克葡萄含蛋白质0.2克，钙4毫克，磷15毫克，铁0.6毫克，胡萝卜素0.04毫克，硫胺素0.04毫克，核黄素0.01毫克，烟酸0.1毫克，维生素C 4毫克。

葡萄皮含矢车菊素、芍药素、飞燕草素、矮牵牛素、锦葵花素、锦葵花素$-3-\beta-$葡萄糖苷。种子含油量9.58%。

中国历代医药典籍对葡萄的药用均有论述。中医认为，葡萄味甘微酸、性平，具有补肝肾、益气血、开胃生津、利小便之功效。《神农本草经》载文说：葡萄主"筋骨湿痹，益气，倍力强志，令人肥健，耐饥，忍风寒。久食，轻身不

老延年"。葡萄不但具有广泛的药用价值，还可用于食疗：头晕、心悸、脑贫血时，每日饮适量的葡萄酒2~3次，有一定的治疗作用；干葡萄藤15克用水煎服可治妊娠恶阻。《居家必用》上还曾记载葡萄汁有除烦止渴的功能。

现代医学研究表明，葡萄还具有防癌、抗癌的作用。此外，葡萄具有极高的观赏性，人们将其制作成各种盆景放置室内，清香幽雅美观别致；或在居室前后栽植，藤蔓缠绕，玲珑剔透，芳香四溢，是美化环境的佼佼者。葡萄的巨大经济价值主要在于酿酒，全世界80%的葡萄都用于酿酒。但是，随着人们保健意识的增强和消费观念的转变，越来越多的葡萄被酿成果汁，成为味美多效的营养保健果品，宣化葡萄不但能治疗多种疾病，直接饮用葡萄汁还有抗病毒的作用。

宣化葡萄

② 药用价值

葡萄不仅味美可口，而且药用价值很高，成熟的浆果中含糖量高达10%~30%，还含有矿物质钙、钾、磷、铁以及多种维生素，多种人体必需氨基酸。中医认为，葡萄可以"补血强智利筋骨，健胃生津除烦渴，益气逐水利小便，滋肾宜肝好脸色"。主要作用包括：

①抗贫血，葡萄中含有抗恶性贫血作用的维生素B_{12}，常饮红葡萄酒，有益于治疗恶性贫血。

②抗毒杀菌，葡萄中含有天然的聚合苯酚，能与病毒或细菌中的蛋白质化合，使之失去传染疾病的能力。常食葡萄对于脊髓灰白质病毒及其他一些病毒有良好杀灭作用，使人体产生抗体。

③ 利尿消肿，安胎。据李时珍记载，葡萄的根、藤、叶等有很好的利尿、消肿、安胎作用，可治疗妊娠恶阻、呕吐、浮肿等病症。

④ 美容养颜，葡萄籽中含有独一无二的前花青素，这种物质具有超强的抗酸化和抗氧化的功用，能在自由基伤害细胞前将其除去，从而达到紧致肌肤、延缓衰老的作用，常吃葡萄可使肤色红润，秀发乌黑亮丽。

⑤ 补益和兴奋大脑神经，葡萄果实中，葡萄糖、有机酸、氨基酸、维生素的含量都很丰富，可补益和兴奋大脑神经，对治疗神经衰弱有一定效果。

宣化牛奶葡萄（冯延军/摄）

法国科学家研究发现，葡萄能比阿司匹林更好地阻止血栓形成，并能降低人体血清胆固醇水平，降低血小板的凝聚力，对预防心脑血管病有一定作用。中医认为，葡萄性平味甘，能滋肝肾、生津液、强筋骨，有补益气血、通利小便的作用，可用于脾虚气弱、气短乏力、水肿、小便不利等病症的辅助治疗。

葡萄籽富含一种营养物质多酚，长期以来，人们一直相信维生素E和维生素C是抗衰老最有效的两种物质，可是葡萄籽中含有的这种特殊物质多酚，其抗衰老能力是维生素E的50倍，维生素C的25倍。常用以葡萄籽为原料的护肤品或食品，可以护肤美容、延缓衰老，使皮肤洁白细腻富有弹性。可以说，葡萄全身都是宝。

《本草纲目》："葡萄，汉书作蒲桃，可以入醑，饮人则陶然而醉，故有是名。其圆者名草龙珠，长者名马乳葡萄，白者名水晶葡萄，黑者名紫葡萄。汉书言张

骞使西域还,始得此种。而《神农本草经》已有葡萄,则汉前陇西旧有,但未入关耳。"

功能:跌打损伤、健脾开胃;主治:用于止呕、安胎。

多吃葡萄可补气、养血、强心。《名医别录》说:逐水,利小便。从中医的角度而言,葡萄有舒筋活血、开胃健脾、助消化等功效,其含铁量丰富,所以补血。在炎炎夏日食欲不佳者,时常食用有助开胃。葡萄中含较多酒石酸,有帮助消化的作用。适当多吃些葡萄能健脾和胃,对身体大有好处。医学研究证明,葡萄汁是炎症病人最好的食品,可以降低血液中的蛋白质和氯化钠含量。葡萄汁对体弱的病人、血管硬化和肾炎病人的康复有辅助疗效,在那些种植葡萄和吃葡萄多的地方,癌症发病率也明显减少。

❸ 食用价值

葡萄的用途很广,除生食外还可以制干、酿酒、制汁、酿醋、制罐头与果酱等。

作烹饪原料使用的葡萄要求粒大、肉脆、无核、风味好;葡萄干常作为点心的辅料。

对于葡萄的加工生产,最为广泛的是葡萄酒。葡萄酒是用新鲜的葡萄或葡萄汁经发酵酿成的酒精饮料,通常分红葡萄酒和白葡萄酒两种。总体说来,红葡萄

珍珠玛瑙似的牛奶葡萄(王玉锁/摄)

酒的酿制与白葡萄酒类似，前者是红葡萄带皮浸渍发酵而成，后者是葡萄汁发酵而成的。

红葡萄酒持续发酵时间由几天到几周不等，从而使葡萄酒得到酒味、香味和深红的颜色。具体过程如下：

葡萄酒（史媛媛/摄）

第一，去梗，也就是把葡萄果粒从枝梗上取下来。因枝梗含有特别多的单宁酸，在酒液中会有一股令人不快的味道。

第二，压榨果粒。酿制红酒的时候，葡萄皮和葡萄肉是同时压榨的，红酒中所含的红色色素，就是在压榨葡萄皮的时候释放出的。

第三，榨汁和发酵。经过榨汁后，就可得到酿酒的原料——葡萄汁。有了酒汁就可酿制好酒，葡萄酒是通过发酵作用得到的产物。经过发酵，葡萄中所含的糖分会逐渐转化成酒精和二氧化碳。因此，在发酵过程中，糖分越来越少，而酒精度则越来越高。通过缓慢的发酵过程，可酿出口味芳香细致的红葡萄酒。

普通白葡萄酒习惯上使用纯正、去皮的白葡萄经过压榨、发酵制成；但是也可以使用紫葡萄，只是在压榨过程中要更仔细。尚未发酵的葡萄汁要经过沉淀或过滤，发酵槽的温度要比制作红酒低一些，这样做的目的是为了更好地保护白葡萄酒的果香味和新鲜口感。具体过程如下：

第一，采摘后，葡萄应尽快送到酿酒场地，尽可能不要挤破葡萄。

第二，除去果枝、果核，分离出葡萄珠，然后在榨出的汁内放入酵母。

第三，为了更好地保存白葡萄的果香，在发酵前让葡萄皮浸泡在果汁中12~48小时。

第四，使用水平的葡萄压榨机，制成的白葡萄酒更鲜更香。压榨的过程要快速进行以防止葡萄氧化。

已知的葡萄酒中含有的对人体有益的成分大约有600种，葡萄酒的营养价值由此也得到了广泛认可。据专家介绍，树龄在25年以上的葡萄树在地下土壤里扎根很深，相对摄取的矿物质微量元素也很丰富，以这种果实酿造出来的葡萄酒具有相当高的营养价值。

（1）葡萄酒的营养作用

葡萄酒是具有多种营养成分的高级饮料。适度饮用葡萄酒能对人体的神经系统产生积极作用，提高肌肉的张度。除此之外，葡萄酒中含有多种氨基酸、矿物质和维生素等，能直接被人体吸收，因此葡萄酒能对维持和调节人体的生理机能起到良好的作用，尤其对身体虚弱、患有睡眠障碍者及老年人的效果更好。

葡萄酒内含有多种无机盐。其中，钾能保护心肌，维持心脏跳动；钙能镇定神经；镁是心血管病的保护因子，缺镁易引起冠状动脉硬化。这三种元素是构成人体骨骼、肌肉的重要组成部分。锰有凝血和合成胆固醇、胰岛素的作用。

（2）葡萄酒对女性的特殊功效

常饮红葡萄酒的女人，往往有丝绸滑过般的柔嫩肌肤。究其因，在于葡萄酒美容养生的神奇功效。

红葡萄酒美容养颜、抗衰老功能源于酒中含有超强抗氧化剂，其中超氧化物歧化酶（SOD）能中和身体所产生的自由基，保护细胞和器官免受氧化，免于斑点、皱纹、肌肤松弛，令肌肤恢复美白光泽。

红葡萄酒的另一个功效是可以减肥，每升葡萄酒中含525卡*热量，但是这些热量只相当于人体每天平均需要热量的1/15。饮酒后，葡萄酒能直接被人体吸收、消化，可在4小时内全部消耗掉而不会使体重增加。所以经常饮用葡萄酒的人，不仅能补充人体需要的水分和多种营养元素，而且有助于减轻体重。红葡萄酒中的酒石酸钾、硫酸钾、氧化钾含量较高，可防止水肿和维持身体内的酸碱平衡。

---

* 卡为非法定计量单位，1卡 = 4.186焦耳。——编者注

（二）生计：产业发展

葡萄在宣化栽培已有1 300多年的历史，"半城葡萄半城钢"的说法足见葡萄在宣化经济中的地位。

目前，宣化葡萄有3 000亩左右，多为百年以上的庭院漏斗架式，具有很好的观赏性、较高的经济效益和一定的历史人文价值，鲜果年产量在1 500吨，发展前景好。从2001年开始，宣化区全面启动了牛奶葡萄提纯复壮工程，努力恢复品性，提高品质。

名优产品　　　　　　　　　　　　　　　　　　　　　葡萄销售

春光乡的盆窑、观后、大北和庙底4个村是宣化区的葡萄种植大村，有着得天独厚的有利条件。近几年，针对市场需求，以及本地葡萄品种退化、质量下降等问题，春光乡党委、政府推行了一系列有效措施，利用各种形式的培训、外出学习、建立葡萄示范户、以点带面等手段来稳定产量、提高品质，积极培养农民的品牌意识。在保证提高宣化白牛奶葡萄的品牌与质量基础上，先后发展了里扎

马特、早熟高墨等新品种葡萄100余亩，逐步改善葡萄种植结构。

但随着城市拓展、工业占地等原因，到2010年地处城市的葡萄园只剩2 000亩左右。2010年宣化区着手为传统葡萄园申遗，首先把严控葡萄园面积作为底线，同时出台了《关于加快葡萄产业发展的补助办法》，对新增葡萄基地给予每亩1 000元种植补贴，补贴根据当年验收合格的种植面积核定，分3年发放，各年发放率分别为60%、20%、20%。经过3年的努力，"宣化城市传统葡萄园"于2013年5月被联合国粮农组织正式列

牛奶葡萄（王玉锁/摄）

入全球重要农业文化遗产名录，是全球第一个城市农业文化遗产。同时，葡萄园面积也在克服种种困难中拓展，尽管地处城市，在土地已成为最稀缺资源的情况下，"宣化城市传统葡萄园"在三年中仍拓展了294亩。

目前，当地政府积极打造以城市庭院传统葡萄园为主题，围绕观光、采摘、食宿等于一体的"农家乐"，旅游年接待国内外游客5万多人次，葡农人均收入均在万元以上。

全球重要农业文化遗产试点授牌仪式

中秋节前后，是宣化葡萄成熟的季节。2013年9月10日，在河北省张家口市宣化区春光乡观后村，暖暖的阳光下，葡萄园中是一片绿色的海洋，晶莹剔透的葡萄闪着银色的光芒。游客们将一串串葡萄小心地剪下来轻轻放进篮子里……观后村村委会主任郭献纲说："2013年6月宣化城市传统葡萄园被联合国粮农组织批准为全球重要农业文化遗产后，宣化葡萄更是名声大振，慕名前来采摘、尝鲜、游玩的人络绎不绝。"

新景一：1千克葡萄70元。在村民张友家的葡萄园，笔者见到了一早从内蒙古赶来的姜先生一家四口，姜先生说："听说这里的葡萄在全球独一无二，正好这几天成熟，特地带全家人过来。""看，这种葡萄能看得见里面的核！"姜先生孩子指着一串葡萄惊讶地说。孩子所说的葡萄叫'金手指'，是张友家的"镇园之宝"，成熟的'金手指'呈金黄色，能看见其核，有蜂蜜、牛奶、冰糖3种不同的味道，价格在70元/千克。张友家的葡萄有20多个品种，'白牛奶''玫瑰香''红富士''夏黑''金手指'……老张如数家珍般一一向游客介绍。他说："葡萄申遗成功后，游客比往年多了三成，葡萄价格定在40～70元/千克仍十分抢手。"

宣化葡萄（梁国柱/摄）

新景二：葡萄园办起"农家乐"。宣化城市传统葡萄园主要分布在春光乡的观后、盆窑、大北3个村，面积1 500多亩。因多是庭院式种植，农民们便利用农家院、葡萄架这些田园景观和自然生态、农家环保种养等资源举办集旅游观光、采摘、食宿等于一体的"农家乐"休闲旅游。目前，"农家乐"旅游达到20家，月接待游客5 000多人次，让游客享受到"采百年葡萄、品地方美食、住农家小院、享葡园风光"的乐趣。村民李兴功家葡萄园的"农家乐"还开设了烧农家柴、煮

大锅饭、炒大锅菜等自助旅游项目，更增添了几分田园乐趣。

新景三：合作社围绕"世遗"建。申请全球重要农业文化遗产成功了，如何趋势发展？"单打独斗"的生产方式既不利于抵御风险，也不利于对这一人类农业瑰宝的保护，"抱团"发展成立专业合作社成为这几年眼界不断开阔的葡农们的自发选择。经过2个月的筹备，2013年8月，宣化城市传统葡萄园范围内的葡农联合成立了"喜相逢葡萄种植合作社"，吸收342户葡萄种植户加入，合作社开展推广新品种、减产增质、接洽旅行团等服务，成为传承传统农业文化，促进农民增收的又一推力。

宣化葡萄是酿制美酒的原料。长城葡萄酒公司用宣化龙眼葡萄酿制的干白葡萄酒，是国际宴会上常饮用的高档饮料，在全国第三次评酒会上赢得了金牌。用龙眼葡萄酿制的大香槟、葡萄汽酒等，都是深受人们欢迎的饮料。

早在1971年，宣化古城西北的下八里村北发现了辽代监察御使张世卿壁画墓，引起了考古、历史和学术界的重视。这次考古有许多重要发现，最大惊奇当属发现了保存近千年的葡萄和葡萄酒，这也是目前为止国内发现的唯一一例近千年的葡萄和葡萄酒。

辽代古墓

葡萄和葡萄酒都出土于张文藻墓中。这是一座保存完好的古代墓葬，前室墓门打开时在场的人都惊呆了，上百件随葬品摆满墓室，墙壁上全是彩色壁画。梵书经文的棺箱位于后室正中，前面摆放大小两张木桌，桌上摆满瓷盘，盘中盛放着各种水果和糕点。水果中有：豆蔻、葡萄、秋子梨、大枣、板栗等。其中葡萄最为难得，葡萄果实水分最大，难以保存。出土时为一枝葡萄，仍原封未动地摆放在盘内，已经干枯，成为黑色的葡萄果粒。后送交中国科学院植物研究所鉴定，属于欧亚种群葡萄。

（三） 文化：多彩习俗

宣化悠久的葡萄栽培历史孕育了丰富多彩的文化。在宣化，人们可以深刻感受到这里独具特色的"葡萄文化"。

❶ 寺庙文化

宣化的古庙、古桥繁多，遍及城乡。宣化城六里十三步（方圆二十四里挂零），有庙就有桥，有桥就有庙，人所共知，故有"七十二座庙，七十二座桥"之称。传说远在后唐时，晋王李克用定都宣化，称"沙陀国"。时逢其母七十二大寿，李克用为取吉祥，即下令在宣化古城围内改建七十二条街，兴七十二座庙，七十二座桥；并在几个门外，命建七十二座村堡。继之，出现了东门外有七十二营，南门外有七十二屯，西门外有七十二庄（房），北门外有七十二堡。早期葡萄多在寺庙内种植，桥多是因为需要引柳川河的水来灌溉葡萄，因此宣化城内有水则有桥，有庙则有葡萄。

葡萄飘香时恩寺

宣化牛奶葡萄最初引种于寺庙，与佛教文化有着很深的渊源。相传葡萄的引进是与菩提树有关的。寒冷的北方无法种植菩提树，但是，很多僧人都向往在菩提树下参禅悟道的情景，于是有个和尚将葡萄种于寺中，也就有了："弥陀寺的葡萄莲花架，是老和尚亲手栽下，禅定一生安天下，修行宣化"的说法。和尚们常常坐在那恰似莲花的葡萄树下，参禅打坐，想必一定会有所思、有所悟的。正所谓"心中有菩提，自然能悟道"。

❷ 饮食文化

宣化葡萄宴很有特色，是用牛奶葡萄制作出不同美味的菜肴。关于葡萄宴还有一个有趣的传说。

明朝末年，李自成率领农民起义军攻打北京路过宣化时，正值春季。塞外三月，春寒料峭、乍暖还寒。然而，柳川河畔的古城宣化，春光明媚，惠风和畅，一片欢腾景象，原因是闯王要来了。宣化的百姓们，准备了当地的特产炸糕、莜面、焖山药、大麻花、米面馍馍、大红枣……摆满了大街两旁，沿路招待农民起义军。在"迎闯王，不纳粮"的欢呼声中，整个古城一片热浪翻滚，全城百姓沉浸在幸福与喜庆之中。

当地百姓特意给闯王做了一桌酒席，两大桌八大盘的饭菜，热有热香，凉有凉味，香喷喷的味道，令将士们垂涎欲滴。这八大盘里到底摆的是些什么高级菜肴呢？原来，乡亲们从城里请来了十来名高级厨师，又从特建的专用"蔬菜窖"里取出储藏了近半年的十几种葡萄。用葡萄做了几样稀罕的菜肴，招待闯王。这八大盘是四冷四热，四大热菜是：糖溜葡萄、羊肉炒葡萄、豆腐烩葡萄、葡萄片炒鸡丝。四大凉菜更招人口涎。哪四样呢？一是二龙戏珠（用两条黄瓜，雕成龙形盘在盘内，四周是亮晶晶的葡萄珠）；二是玫瑰珠中结牡丹（即在大盘内摆满玫瑰香葡萄珠，然后在上面插一朵牡丹花）；三是在大盘中堆着高高的白红葡萄珠，上面站着一位披甲的"将军"（用上好的白面拌白糖制作成的面人），看上去

十分威武雄壮，酷似李闯王；四是先在大盘四周摆上葡萄叶，中间放上五大嘟噜闪闪发亮、光彩照人的红白葡萄。这是什么品种呢？原来，去年王河湾村有一家葡农数十架葡萄中不知为什么有一架结出了红白两种颜色的葡萄。村民们都感到很奇怪。这家人舍不得吃，就把这架葡萄当作宝贝储藏在葡萄专用窖里。老人们曾说过：稀宝出，贵人来。哪想这句话却印证在李闯王的身上。据说，这葡萄品种叫金玫瑰葡萄，如今早已失传。

李自成和几位将军，看了这几样用葡萄做的菜，连声说好，还高兴地赞扬宣化厨师手艺高超，宣化百姓热情好客。饭间，将士们饮着葡萄酒、品着葡萄菜，不由得感慨万千。于是，李自成即席吟诗一首："颗颗葡萄金闪闪，上谷百姓遭涂炭。今朝义举灭王朝，誓为天下扫狼烟。"将士们连声说好诗好诗，闯王乘兴又口占一绝"举旗征战扫凶顽，饮马洋河未下鞍。今日喜食葡萄宴，王师不灭誓不还。"

拔丝葡萄是宣化宴席上的一道名菜。拔丝葡萄外焦里嫩，脆甜可口，营养丰富，深受广大群众喜爱。拔丝葡萄的烹制方法为：将牛奶葡萄500克洗净待用，剥去皮，挖掉核，拍上一层粉面，拌入蛋清和玉米粉和成的糊中，放入油锅中炸熟。再用白糖3两，在炒勺内放油少许，将糖炒到淡黄色无泡可拔丝时，放入炸好的葡萄

拔丝葡萄

萄，快速翻炒，使糖汁将葡萄裹匀，即可出勺。吃时将葡萄置入凉开水中，略醮一下就可入口。

③ 节庆文化

每年农历八月十五前后，是宣化葡萄成熟的季节。此时，天南地北的客商都会从四面八方云集在古城宣化，此时也是宣化城乡最热闹的季节。当时还流传了一首民谣："宣化有四宝：狗皮褥子、羊皮袄、牛奶葡萄、苁苁草"。后来就形成了一个风俗，每逢传统节日、相互宴请、生日办寿、馈赠亲友、祭祀祖先、敬奉神灵等，都要准备上几大嘟噜新鲜的牛奶葡萄，作为庆祝祭祀的珍品；尤其是农历八月十五赏月，敬奉兔爷，除了要摆上月饼瓜果之外，牛奶葡萄是一定少不了的。为了庆祝葡萄丰收，果农们还会以唱庙会、扭秧歌、打垮鼓的方式来庆贺。每逢葡萄采摘季节，各村都会请戏班子，大唱3天。一是庆祝当年的葡萄丰收，二是祈求来年风调雨顺，三是盼望家家平安富贵。河北省非物质文化遗产宣化区"王河湾挎鼓"，就是这样被保留传下来的。

王河湾挎鼓是一种流传于河北省的汉族舞蹈。王河湾挎鼓拥有近150年的悠久历史，发源于王河湾村，起初由农民们自己制作挎鼓和鼓具，形成一定规模后，成立了村民组成的鼓班——"三关社"。宣化县志曾记载："上元节各街巷具有秧歌……具以为乐"，所说秧歌包括挎鼓在内。王河湾挎鼓是宣化特有、且别具特色的民间舞蹈艺术，属于民间"社火"中秧歌的一种活动形式，民间也称它为挎鼓秧歌，它遍及于宣化城郊北部和西城乡间各村，王河湾、双庙、路家坊、大辛庄、四方台、姚家坟以及样台、沙岭子各村，直到张家口市郊乡南部原来宣化县所辖各村，都有挎鼓艺术表演形式。

挎鼓表演来源于劳动人民的生活，伴随着人们的喜乐年华，表达出群众热爱生活、勤劳善良、乐观向上、憧憬未来的美好情怀。表演对环境、人员没有严格的筛选和固定的要求，鼓手可男可女，少则八、九人，多则上百人，只要能施展开身手，便可进行表演。队伍中有古稀老人，也有翩翩少年，有满脸堆笑的大妈、也有身轻如燕的姑娘，一般以四鼓配一钗一钹的方式进行表演，每当农闲季节及进入腊月和喜庆春节、元宵节时进行群体表演。在长期的表演实践中，形成了自己独特的艺术风格，深受百姓喜爱，许多市民争相参与表演。如今，在第四代传承人贺海的带领下，承前启后，创新发展，在继承前辈的"凤凰三点头、查灯点、三起三落点"等打法之后，还规范了12种别具一格的独创打法，铿锵有力、舞姿矫健、气势如山、耐人回味，如骑士跨马、武松打虎、苏秦背剑、黑虎掏心、举火烧天等，极大地丰富了表演内容。鼓声阵阵，涤荡肺腑，时而轰鸣似空中响雷，时而声闷如雨打芭蕉，在隆隆的鼓声中，表演者不时变换着队形和体态，有侧首点击、弯腰交叉、半蹲弓步、如游龙穿梭，像骏马奔

王河湾挎鼓

驰，把鼓者内心的澎湃喜悦体现得淋漓尽致（宣化区宣传部）。

　　1988年9月，张家口宣化区人民政府举办了第一届"中国宣化葡萄节"，开创了"葡萄节文化"的先河。节日期间以葡萄为媒介，文化搭台、经济唱戏，邀请各界知名人士共享葡萄文化，洽谈建设项目，推动经济发展，为葡萄产业赋予了浓郁的文化内涵。给人印象最深的是宣化宾馆和惠友饭店厨师以葡萄为主料烹制的名贵菜肴，曰"葡萄宴席"，令宾客叫绝。著名歌唱家李谷一的一曲《在希望的田野上》、中央电视台著名节目主持人邢质斌在葡萄架下小的座谈和采访、戏剧大师曹禺为宣化葡萄挥毫泼墨赋诗一首，都使人耳目一新、回味无穷。特别是中顾委常委萧克将军亲临葡萄盛会，发表了热情洋溢的讲话，给宣化人民留下了深刻印象和极大鼓舞。这些事件均提高了宣化的知名度，促进了宣化葡萄产业的发展。至今宣化宾馆的门口还有一处葡萄的雕塑。曾有诗赞曰：

玉帝不晓凡间果，王母只道蟠桃鲜。

葡萄王国游历遍，方知宣化"牛奶"甜。

葡萄丰收 宣钢报 1988.9.6

宣化葡萄剪纸（张佃生/摄）

收获的季节（张佃生/摄）

戏剧大师曹禺给宣化葡萄的题词

三

生态服务功能

宣化牛奶葡萄以庭院式栽培为主，目前仍大量沿用传统的漏斗式棚架，即多株穴植栽培方式，藤条从主根出发以锥形向四周均匀分布，形成一个巨大的漏斗形大网。这种栽培方式在生物多样性维持、小气候调节、养分循环和碳储存方面都具有良好的生态服务功能。

宣化庭院漏斗式葡萄架

（一） 保护生物多样性

1 种质资源

葡萄是葡萄科葡萄属的多年生落叶藤本植物，是地球上最古老的植物之一，也是人类最早栽培的果树之一，其产量约占全世界水果产量的25%，营养价值很高。宣化是我国著名的葡萄产区，拥有丰富的葡萄种质资源。其中，牛奶葡萄因栽培历史长、品质优而闻名中外。

目前，宣化保存的葡萄已达40余种，包括白牛奶、龙眼、玫瑰香、血灌子等传统品种，以及红牛奶、无核白、里扎马特、扎纳、皇后、青香蕉、无核紫、凤凰14等其他葡萄品种。20世纪80年代，又先后引进巨峰、先锋、井川、红香蕉、新玫瑰、红鸡心、凤凰11、凤凰12、汤姆森1号等国内外优良品种，其中尤以白牛奶葡萄最具特色，享誉中外。宣化牛奶葡萄种植面积广，占宣化葡萄种植总面积的80%以上，成熟期在每年9月中旬前后，采摘时正值中秋佳节，可作为节日里的馈赠佳品。宣化区丰富的葡萄种植资源是宣化农民提高收入的物质基础。以牛奶葡萄为例，新中国成立以后其累积产量已达4 384.45万千克，其中出口占17%以上。

宣传葡萄（苏英芳/摄）

宣化葡萄（王玉锁/摄）

❷ 农业生物多样性

宣化的传统葡萄园属于典型的庭院农业。当地农民在自家庭院的葡萄架周围种植大量蔬菜、水果、部分农作物以及花卉等，不仅增加了地区的农业生物多样性，同时也呈现出多样化、多层次的立体景观特征。庭院是一年生及多年生多种作物混合栽培的场所，是农户家庭住房周围的院坝，是栽培植物和野生植物的汇集地，是形成和保存农业生物多样性的基本单元，是野生植物与人类发生最密切关系的场所，也是生态系统的重要组成部分。同时，漏斗架葡萄的栽植方式在庭院中创造了丰富的生态位，为物种共存提供了条件，形成了丰富的生物多样性。

（1）物种的多样性

① 植物物种组成多样性。通过对传统葡萄园的调查，发现除葡萄外的可利用植物达到74种（包括亚种和变种），隶属于29科57属。其中属于葫芦科的种数最多，占全部种数的12.16%，其次是百合科、菊科和茄科，种数均达到了9.46%。

调查葡萄园中各科植物种数及所占比例

科名	种数	所占全部种的比例%	科名	种数	所占全部种的比例%
百合科	7	9.46	萝藦科	1	1.35
唇形科	2	2.70	茄科	7	9.46
蝶形花科	1	1.35	伞形科	2	2.70
豆科	4	5.40	十字花科	6	8.10
凤仙花科	1	1.35	鼠李科	1	1.35
禾本科	2	2.70	苏铁科	1	1.35
葫芦科	9	12.16	五加科	2	2.70
锦葵科	1	1.35	仙人掌科	1	1.35

续表

科名	种数	所占全部种的比例%	科名	种数	所占全部种的比例%
菊科	7	9.46	苋科	2	2.70
爵床科	1	1.35	旋花科	1	1.35
苦木科	1	1.35	鸢尾科	2	2.70
兰科	1	1.35	紫茉莉科	1	1.35
楝科	1	1.35	马鞭草科	1	1.35
美人蕉科	1	1.35			

② 植物区系地理成分多样性分析。传统葡萄园中，植物共29科分归于5种分布型。其中世界分布13科，区系统计时除去不计；热带分布（2~7）15科，占总科数51.72%；温带分布（8~14）1科，占总科数的0.03%。从科的分布区系分析，热带分布最多，其次为世界分布型和温带分布型。

调查葡萄园种子植物科的分布类型

分布区类型	科数	占总科数的%	科名
1 世界分布	13	44.83	蔷薇科、茄科、伞形科、十字花科、旋花科、唇形科、豆科、菊科、禾本科、鼠李科、苋科、蝶形花科、兰科
2 泛热带分布	10	34.48	苦木科、葫芦科、凤仙花科、爵床科、美人蕉科、葡萄科、锦葵科、楝科、鸢尾科、萝藦科
3 热带亚洲和热带美洲间断分布	4	13.79	紫茉莉科、五加科、马鞭草科、仙人掌科
4 旧世界热带分布	0	0	

续表

分布区类型	科数	占总科数的%	科名
5 热带亚洲至热带大洋洲分布	1	0.03	苏铁科
6 热带亚洲至热带非洲分布	0	0	
7 热带亚洲	0	0	
8 北温带分布	1	0.03	百合科
9 东亚和北美洲间断分布	0	0	
10 旧世界温带分布	0	0	
11 温带亚洲	0	0	
12 地中海区、西亚至中亚分布	0	0	
13 中亚分布	0	0	
14 东亚分布	0	0	
15 中国特有分布	0	0	

（2）生计价值分析

宣化庭院式栽培的主要生计价值包括栽培蔬菜、栽培水果、观赏植物以及其他用途。观后村葡萄园中的观赏植物明显多于另外两个村，主要是由于观后村的葡萄园更加传统，并且宣化区重点在观后村开发旅游业，村民更加愿意美化庭园来吸引更多的游客。

宣化葡萄园的主要生计价值

用途	数量	品种
栽培蔬菜	观后村共18种，隶属7个科，14个属；大北村共19种，隶属7个科，15个属；盆窑村共23种，隶属8个科，17个属	番茄、茄子、辣椒、葱、萝卜、豇豆、冬瓜、西葫芦、马铃薯、卷心菜、黄瓜、苦瓜、芫荽、南瓜、菜椒、胡萝卜、卷心莴苣、丝瓜、落花生、扁豆、丝瓜、韭菜、菜豆、芥菜和青菜
栽培水果	观后村（除葡萄外）有3种，隶属2个科，3个属；大北村（除葡萄外）有2种，隶属2个科，2个属；盆窑村（除葡萄外）有4种，隶属3个科，4个属	枣、樱桃、杏、李、西瓜、甜瓜和楸子
观赏植物	观后村共23种，隶属20个科，22个属；大北村8种，隶属7个科，7个属；盆窑村共4种，隶属4个科，4个属	大丽花、一串红、多花兰、圆叶牵牛、凤仙花、菊花、吊兰、尼泊尔鸢尾、夜来香、旱莲草、月季、紫茉莉、刺沙蓬、美人蕉、仙人掌、爬山虎、萱草、短序鹅掌柴、百合、榆叶梅、马缨丹、苏铁、野菊、狗尾草、龙葵、小萱草、网纹草和锦葵
其他用途	观后村4种，大北村4种，盆窑村8种	马蔺和向日葵等

①栽培蔬菜用植物。

蔬菜是可供佐餐的草本植物的总称。早在1 800多年前的中国第一部字书《说文解字》（许慎撰）中，就将"菜"字释为"草之可食者"。然而，蔬菜中有少数木本植物的嫩茎嫩芽（如竹笋、香椿、枸杞的嫩茎叶等）、部分真菌和藻类植物也可作为蔬菜食用。蔬菜的食用器官有根、茎、叶、未成熟的花、未成熟或成熟的果实、幼嫩的种子。其中许多是变态器官，如肉质根、块根、根茎、块茎、球茎、鳞茎、叶球、花球等。此外，蔬菜含丰富的维生素、矿物质、有机酸、芳香物质、纤维素，也有一定量的碳水化合物、蛋白质和脂肪，具有其他食物不可替代的营养价值。

水果是可以食用的植物果实和种子的统称，有降血压、减缓衰老、减肥瘦身、皮肤保养、明目、抗癌、降低胆固醇等保健作用。

观赏植物资源是指供人类观赏的一群植物，可以丰富人类的生活，美化周围

的环境，给人以美的享受。随着社会的进步、科学的发展，人们对观赏植物在人类发展中的地位有了越来越深刻的认识，了解了它的生态效益、社会效益和经济效益。世界公认，一个国家绿化程度、园林观赏植物覆盖率及其配置，是一个国家文明进步的标志。

丝 瓜

西 瓜

花卉的定义包括狭义与广义两个方面。狭义的花卉，仅指草本的观花植物和观叶植物。花是植物的繁殖器官，卉是草的总称。随着人类生产、科学技术、文化水平的不断发展，花卉的范围也在不断扩大。广义的花卉，指具有一定观赏价值，并经过一定技艺进行栽培和养护的植物，有观花、观叶、观芽、观茎、观果和观根的，也有欣赏其姿态或闻其香的；从低等植物到高等植物，从水生到陆生；有的匍匐矮小，有的高大直立；有草本也有木本，有灌木、乔木和藤本，应有尽有，种类繁多，都包括在花卉范围之中。

② 水果用植物。水果是可以食用的植物果实和种子的统称。根据调查，观后村葡萄园中常见栽培水果用植物（除葡萄外）有3种，隶属2个科，3个属；大北村常见栽培庭园水果用植物（除葡萄外）有2种，隶属2个科，2个属；盆窑村常见栽培庭园水果用植物（除葡萄外）有4种，隶属3个科，4个属。这些

水果用植物包括枣、樱桃、杏、李、西瓜、甜瓜和楸子。

③观赏植物。观赏植物资源是指供人类观赏的一群植物，可以丰富人类的生活，美化周围的环境，给人以美的享受。随着社会的进步、科学的发展，人们对观赏植物在人类发展中的地位有了越来越深刻的认识，了解了它的生态效益、社会效益和经济效益。世界公认，一个国家绿化程度、园林观赏植物覆盖率及其配置，是一个国家文明进步的标志。

观赏植物

根据调查，观后村葡萄园园栽培观赏植物共23种，隶属20个科，22个属；大北村栽培观赏植物达8种，隶属7个科、7个属；盆窑村葡萄园园栽培观赏植物共4种，隶属4个科，4个属。这些观赏植物包括大丽花、一串红、多花兰、圆叶牵牛、凤仙花、菊花、吊兰、尼泊尔鸢尾、夜来香、旱莲草、月季、紫茉莉、刺沙蓬、美人蕉、仙人掌、爬山虎、萱草、短序鹅掌柴、百合、榆叶梅、马樱丹、苏铁、野菊、狗尾草、龙葵、小萱草、网纹草和锦葵。另外，观后村葡萄园中的观赏植物明显多于另外两个村，这可能是由于观后村的葡萄园更加传统，并且由于宣化区重点在观后村开发旅游业，村民更加愿意美化庭院来吸引更多的游客。

④其他用途。观后村葡萄园中其他用途植物有4种，大北村有4种，盆窑村有8种。其中马蔺和向日葵是3个村都有的。

研究3个村其他用途植物编目

学名	种名	使用部位	用途	栽培/野生	所在村庄
Zea mays L.	玉蜀黍	果实	粮食用	栽培	大北村、盆窑村
Helianthus annuus L.	向日葵	果实	食用	栽培	观后村、大北村、盆窑村
Perilla frutescens（L.）Britt.	紫苏	叶、果实	调味	栽培	观后村、大北村
Iris lactea Pall. var. *chinensis*（Fisch.）Koidz.	马蔺	叶	捆绑葡萄藤	野生	观后村、大北村、盆窑村
Lycium chinense Miller	枸杞	果实	药用	栽培	观后村
Panax ginseng C. A. Meyer	人参	根	药用	栽培	盆窑村
Brassica integrifolia（West）O. E. Schulz apud Urb.	苦菜	叶	食用	野生	盆窑村
Amaranthus retroflexus L.	反枝苋	嫩茎叶	食用	野生	盆窑村
Ailanthus altissima（Mill.）Swingle	臭椿		绿化	栽培	盆窑村
Toona sinensis（A. Juss.）Roem.	香椿	嫩叶	食用	栽培	盆窑村

西芹基地

农业产业化

（二）小气候调节

　　漏斗葡萄架形主要存在于农家庭院之中，其庞大的树冠覆盖整个庭院，形成独特的小气候环境。葡萄冠层对太阳辐射具有明显的吸收和反射作用，使庭院内的太阳辐射强度及大气温度明显降低。因此，炎热的夏季人们在漏斗架下围坐纳凉、开怀畅饮，是经常能够看到的温馨画面。

　　据测定，在8月份晴朗的上午，有漏斗架葡萄的庭院太阳辐射只有$1.38 \times 10^4 \sim 3.33 \times 10^4$勒克斯，但普通庭院的太阳辐射达到$4.19 \times 10^4 \sim 11.16 \times 10^4$克勒斯，说明有漏斗葡萄架的庭院照明度明显低于普通庭院。同时，有漏斗葡萄架的庭院的大气温度也明显偏低，在气温最高的下午1：30左右，气温与普通庭院差别达到2℃以上。同时，由于漏斗架形葡萄具有明显的蒸腾作用，因此有漏斗葡萄架的庭院内空气湿度明显高于普通庭院，在8月晴朗的上午，有漏斗葡萄架的庭院相对湿度比普通庭院高5%左右，下午则高出10%以上。而且，前者的湿度变化幅度较小，后者的变化更为剧烈。漏斗葡萄架在炎热夏季形成的这种低辐射、低气温、高湿度的庭院气候环境，使人觉得神清气爽，惬意无比。

庭院葡萄（魏晓东/摄）

美丽的葡萄景观

（三）养分循环

漏斗架葡萄一直延续了传统的栽植方式，使用的肥料以人畜粪便等有机肥为主，在庭院中形成从土壤—葡萄—人（畜）—土壤的养分元素循环过程。漏斗葡萄架以有机肥为主的生产方式具有诸多优点。首先，大量有机肥的使用维持了土壤肥力，使葡萄园的生产力得以长期维持，能够使600年以上的葡萄园仍能维持最高的产量。其次，有机肥的使用也保证了牛奶葡萄优良品质的维持；最后有机肥的大量使用也使得农村的人畜粪便得到恰当处理，有利于农村庭院环境卫生状况的保持。

每公顷葡萄在一个生长季需要使用的有机肥料约为36 750千克，其中含有的氮、五氧化二磷和氧化钾百分含量分别为1.00%、0.36%和0.34%，相当于每公顷施用367.5千克氮、132.3千克五氧化二磷和124.95千克氧化钾。

可口的宣化葡萄

（四）碳储存功能

葡萄园是一种集约管理的人工生态系统，该生态系统在调控大气CO_2方面发挥着重要作用。首先，由于漏斗架葡萄园实行集约化管理，葡萄生长旺盛，生产力高，通过强烈的光合作用吸收大量CO_2，在当地种植葡萄将起到明显的碳汇作用。其次，由于葡萄寿命较长，葡萄植物体内存储的碳能够保留更长的时间，使其作为碳库的功能更为明显。另外，葡萄生长过程中需进行大量修剪，大量的修剪物和凋落物被返还土壤，补充了土壤中有机碳的损失，使葡萄园的土壤成为一个明显的碳库。

据估算，每公顷漏斗架葡萄只是地上部分储存的碳就达到5.85吨/公顷，因此漏斗葡萄园是一个巨大的碳库。冬剪枝条的重量达到5 199.14千克/公顷，其中贮存的碳约为2 599.57千克/公顷。

宣传葡萄（王玉锁/摄）

（五）游憩休闲功能

　　漏斗架葡萄栽培模式是一种独特的旅游资源，具有独特的游憩价值。首先，该模式采用漏斗圆形架进行栽培，不同于其他地区的排架式，在土、水、肥、气候的利用上独树一帜，具有独特的景观造型，世界罕见。其次漏斗形葡萄架具有明显的遮阴作用，在炎热的夏季形成凉爽宜人的庭院小气候，为居民提供舒适的休憩场所。农民在漏斗架的周围又栽种了多种作物、花卉等，生物多样性丰富，形成了独特的农业生态景观。再次，漏斗架葡萄的主要品种是牛奶葡萄，该品种口感极佳，驰名中外，自古以来为人们所喜爱，具有很大的市场。最后，宣化是中华民族南北文化交融汇集的中心地带，文化积淀十分丰富，深厚的千年自然庭院式农家风情孕育了宣化牛奶葡萄，具有很高的观赏价值和历史文化价值，成为宣化旅游的一大景观。

葡萄采摘

四

葡萄文化初揽

时光荏苒，悠悠千年，宣化葡萄早已成为一颗璀璨的文化明珠。围绕葡萄题材的作品层出不穷，无论诗词歌赋、典故传说还是散文，都寄托出人们对宣化葡萄的赞美和喜爱之情。宣化葡萄历经千年，深深扎根在这片土地上，形成了深厚的文化底蕴。

宣化葡萄剪纸

（一）诗词歌赋

许多历史名人和作家来到葡萄城后，都对宣化葡萄深有体会，创作了不少优美的文学作品，表达了对宣化葡萄由衷的赞美。以下是一些比较著名的诗词歌赋。

> 翠瓜碧李沈玉甃，赤梨葡萄寒露成。
>
> 可怜先不异枝蔓，此物娟娟长远生。
>
> ——摘自唐·杜甫《解闷十二首》

赞宣化葡萄

李自成（明）

（其一）

举旗征战扫凶顽，饮马洋河未下鞍。

今日喜食葡萄宴，王师不灭誓不还。

（其二）

颗粒葡萄金闪闪，上谷百姓遭涂炭。

今朝义举灭王朝，誓为天下扫狼烟。

宣化葡萄

谢 江（当代）

寒凝历尽吐青藤，上谷风光处处新。

架架玛瑙翡翠塔，丰收迎来万家春。

宣化葡萄

田 汉（现代）

山样葡萄品种丰，丁香柔嫩牡丹红。

相期学稼张家口，同举金杯醉大同。

赞宣化葡萄

曹 禺（现代）

尝遍宣化葡萄鲜，嫩香似乳滴翠甘。

凉秋塞外悲角远，梦尽风霜八十年。

中国宣化葡萄节即兴（四首）

王禹时（当代）

（一）

塞云香气入帝京，

望断长城立西风。

蓦然知是秋月到，

翡翠葡萄满宣城。

（二）

昨夜秋风满院香，

披衣庭下细寻芳。

错把满天星斗灿，

认作葡萄挂穹苍。

（三）

博望西归识见高，

不爱珍珠爱葡萄。

而今宜府庆佳节，

番风友谊塞上飘。

（四）

宣府繁华与旧殊，

家家庭院挂珍珠。

从此岁岁仲秋节，

宝鸟雕车满通途。

葡萄史话

冯建平（当代）

（一）

丁亥之秋，阳光挽留。

何聚宣府，葡萄之由。

梦中雉鸠，院内兴游。

串串垂情，粒粒含羞。

琼浆玉液，回味一宿。

忽闻墨客，幻中醉酒。

结朋携友，架下逗留。

漫地起舞，满天翠秋。

（二）

葡萄国史，西汉伊始。

张骞引入，国人福祉。

唐朝盛世，宣府种植。

史志为证，果落城池。

辽代开元，规模问世。

壁画考证，兴盛之日。

（三）

水土一方，珍珠耀光。

半城葱翠，满城馨香。

葡萄粒大，皮肉绿黄。

晶莹剔透，酣甜意长。

五湖造访，四海品尝。

回味无穷，古城风光。

千年长成，万年飘香。

京西一府，世纪辉煌。

葡萄缘

淮玉民（当代）

四十年前驻炮院，隔墙毗邻葡萄园。

始闻盆窖丽珠美，八月飘香誉满天。

古藤绿叶圆蓬低，串串牛乳枝下悬。

登临西城望蔓架，一片喇叭口朝天。

夜阑皎月苑旁过，珠玑如蜜沁心田。

中秋悠悠思乡日，葡萄琼浆绕舌尖。

粒粒珍珠颜如玉，累累硕果似挂牵。

军旅生涯添情趣，郁郁葱葱常相伴。

牛奶葡萄赞

王　扬（当代）

城北有片绿色云，

汉唐相承根脉深。

葡萄珍果称上品，

漏斗佳艺有传人。

紫禁城里享美誉，

联合国中传盛名。

人类遗产应保护，

牛奶香飘满古城。

清平乐·葡萄园（春）

任世华（当代）

杏花春草，

怀梦谷郡道。

葡萄园里欢语早，

挖沟搭架正好。

寒食东风浮云，

枝条翘盼新青，

待到旬日过后，

小园人喜芽鸣。

清平乐·葡萄园（秋）

任世华（当代）

秋月正浓，

架下人语驻。

珍珠玛瑙戏满茎，

张家李宅斗胜。

仙人月宫垂足，

暗羡人间玉壶。

团团桂树无语，

怎比古城明珠。

清平乐·写给即将逝去的葡萄园

任世华（当代）

醉欲何处？

惆怅无名路。

若有人知葡萄处，

捧来同饮再驻。

去年架满珍珠，

今宵欲起高楼。

千年历史一叹，

唯有古钟悠悠。

古城与古树（张旭惠/摄）

传统庭院漏斗式葡萄架

宣化葡萄赋

战 勇（当代）

巍巍群山环抱，汤汤洋河流淌。古郡上谷，名城宣府，处晋冀蒙三省之要冲，据外长城九边其雄首，北枕野狐以控大漠，南扼居庸而望中原。依蒙古高原，临太行山岳，杂糅游牧与农耕文化，秉持京西独有之品性。天宝兮物华，半城葡萄半城钢；地灵兮人杰，人文蔚起名人涌。

紫气横朔漠，灵光照边城。千又余年，有使西来，宣化始有葡萄焉。每至仲秋，其实乃熟，状如芒果，色白微黄，肉晶无汁，味特甘甜，百果之中，无一可比也。时人赞誉："葡萄秋倒架，芍药春满树""早知宣化葡萄甜，何须七次下江南"。

宣化葡萄实乃人间奇珍。凝天地之精华，聚日月之灵光。其根入土，其藤凌云，枝叶如龙须劲舞，浓荫似绿波荡漾。花含蓄，果灿烂，团团恰仙界甘霖，簇簇若梦幻琼瑶。最喜金秋时节，满园缤纷琳琅，精彩飞扬，珠玑溢芳。恰似世间珍宝竞美，疑是繁星撒落天堂。恰逢葡萄盛会，四邻友人，八方宾朋，万人悉聚，盛况空前。摘硕果，制佳酿，饮美酒，话沧桑。观宣化葡萄，阅尽南北圣境；品宣化葡萄，回味七彩人生。

葡萄佳话，四海传扬。想当年，李克用"英雄立马起沙陀"，携葡萄而夺天下。甲申年，闯王东征，席葡萄盛宴，后挥师入京。庚子之变，慈禧太后西遁，食葡萄而安其神。

葡萄飘香，才俊风流。将军英烈，葡萄养其气：张自忠、武士敏，报国尽忠，战死沙场。政要贤达，葡萄廉其德：康世恩、张苏，为国建功，名载史册。学界泰斗，葡萄砺其志：曹禺、李泰棻，文扬天下，史坛奇葩。

宣化葡萄，知世间之冷暖，延千年之节操。婆娑多恩，护佑万民于绿海；颗粒有心，滋养文明之根苗。厚德载物，保一方之平安；苍天有道，传万世之富饶。

乃赋其歌曰：长治久安地，文明教化城。葡萄声鹊起，大美是宣化！

宣化葡萄赋
王光荣（当代）

　　燕山巍巍，洋河滔滔；塞上雄关，古郡英豪；牛奶葡萄名扬四海，边陲重镇威震九霄。葡萄栽培悠远兮，始于西汉王朝；张骞出使西域兮，返回携带藤条；宣化种植繁衍兮，唐代城北甚早。弥陀寺内插条萌芽，沙陀国里种植繁茂。钟鸣清远，古城葡萄传神道；天籁声通，上谷果品添锦标。城中村，村村院内葡萄架骄；村中城，城城村里生态环保。盆窑、观后、庙底村村架架，碧翠靓丽辉耀；牛奶、龙眼、玫瑰珠珠串串，粒大香甜质好。一串葡萄甘露滴，六里街巷香味飘；去皮切片皇供品，烹饪设宴宫佳肴。得天独厚之山麓盆地，肥沃土壤乐逍遥；四季分明之阳光充足，气温适宜喜悦苗。千年栽培葡萄史，万亩涵养果园效；1909载，博览盛会巴拿马，荣誉奖牌天下晓。2013年，栽培漏斗葡萄架，文化遗产寰球告。一曲歌赋葡萄颂，万里神州珍品啸。乐哉，宣化；美哉，葡萄！

宣化葡萄

（二）典故传说

关于葡萄的典故传说也是当地淳朴文化的重要表现形式。民间传说在当地不仅作为一种艺术形体存在，更是当地历史的重要载体，所讲述的不仅是当地过往的事件，更反映了当地古老居民与葡萄之间浓浓的深情。

《《宣化葡萄的来历》》

宣化的牛奶葡萄，皮薄肉厚，甜脆可口，葡萄珠儿又大又长，剥掉皮也不流汁，还能切片做拔丝，是葡萄家族中外闻名的好品种。要说宣化葡萄的来历，还得从汉朝说起。

西汉时期，汉武帝派张骞出使西域。张骞接受了圣旨，便带领一队人马跋山涉水往西去。张骞的队伍，不知走了多少路，过了多少国家，走着走着荒无人烟，前面也没了路，大队人马来到一片茫茫的大沙漠，天气闷热，人困马乏，士兵们在沙窝里转了半天也找不出半滴水，大家口渴的嘴唇干裂得出了血，嗓子里直冒烟，没走多远就一个个东倒西歪全躺下了。张骞心里万分焦急，一时不知该如何才好。

这时，忽然天空传来一声鸟鸣，张骞抬头一看，不知从何处飞来一只洁白的天鹅，围着他们头顶转圈圈。看到天鹅，张骞突然想起"天鹅落，必有洼"的民谚。于是急忙唤起士兵朝天鹅飞的方向走去。他们跟着天鹅走了一天一夜，终于走出了这片沙窝子，找到个有水有草的"海子"。

张骞一行人马吃饱喝足后，精神劲儿来了，备好鞍蹬，正要上路，忽听远处传来一阵隐隐约约的歌舞声。大队人马循声找去，在不远处发现有一片片翠森森的小树林子。当他们走近前一看，哪儿是林子呀，原来全是一人多高的绿棚子。棚子里面披着密密匝匝的绿叶子，棚子外垂挂着光闪闪的紫红"玛瑙珠"和黄白透亮的"翡翠串"。好多穿红挂绿的姑娘正围着绿色的"聚宝棚"，伴着鼓点翩翩起舞。舞蹈跳得十分轻盈好看，歌儿唱得特别优美动听。虽然大家看不懂、听不懂，但也舍不得离开。张骞凑上前去一打听，才知道这是天宛国地界。眼前的"珍珠玛瑙"就是有名的西域特产——葡萄。他们买了几大串一尝，酸甜可口，十分鲜美，众人赞不绝口，非常爱吃这种水果。张骞下令让人马驻扎下来，养息几天再走，将士们非常高兴。过了十来天，张骞了解清楚当地的风土人情，打听明白葡萄生长的来龙去脉，才带领人马上了路。

光阴似箭，转眼几年过去。张骞历经千难万险出使回来，将士们有的留在西域、有的途中而亡，回程只剩下他自己单枪匹马了。为了把西域葡萄引进中国，他特意绕道到当年神鹅引路的地方，找见种葡萄的村庄，想买几株葡萄苗。庄主开始不允，说"这是国宝，不能轻易卖予外域人"。张骞再三苦苦相求，乞求了三天三夜，他的虔诚终于打动了庄主。在村里人的说合下，他用心爱的祖传玉扇换了三根葡萄条带回汉朝。

回到汉朝，汉武帝见他身体衰弱，便封了他个京城闲职，叫他养息身体。他哪有心思休养生息呢？张骞拖着病体走出长安城，四处寻找适宜栽种葡萄的地方。

一天，他走出雁门关，来到风沙茫茫的九联村地面（今宣化境内）。他睁开能穿山越岭的神眼一望，看见沙土下面盖着一层肥实实的黑土，是块种葡萄的好地，心中十分高兴。他想把葡萄条留给一个诚实可靠的人家栽种，可方圆百里只有九联村一个村庄，村里也不过十来户人家，大多靠打猎养牧为生，张骞不禁站在当街作起难来。这时，忽听身后"吱呀"一声门响，走出个广眉凸颧，白胡白鬓的老汉。张骞忙上前施礼，说明来意，老汉将他让进屋里，倒了一碗水，说他先解解渴。张骞喝了水后，从百宝箱中取出珍藏多日的葡萄条，交给了老汉。

说："老人家，这是我历经千辛万苦从西域带来的葡萄苗，是异国珍宝。希望您老好生培育，赐福后人"。老人家激动地将"珍宝"收下，张骞也高兴地策马而去。

老人按照张骞教给的方法，在自家的院内挖了个土坑，把三根葡萄条栽种在一个背风向阳的地方。每天去柳川河挑上最清亮的河水浇灌，又亲自去村里掏大粪施肥。经过老人家耐心培育，葡萄条发了芽，扎下根，长得枝繁叶茂，十分喜人。

可是好景不长，偏偏又遇上个大旱年，天旱得井枯河干，人畜难保。眼看刚长出的葡萄苗要枯死，老人家像万箭穿心，又想起张骞临行时再三叮咛，不由得放声大哭起来。哭着哭着，嗓子哭哑了，泪也哭干了，哭着哭着，眼里"滴嗒、滴嗒"流出血来，滴在葡萄坑里，滴在葡萄藤上。霎时，阴了天，黑了地，电闪雷鸣下了一场瓢泼大雨。

大雨过后，再看三架葡萄，又绿葱葱地返活啦，上面结满了一串串的葡萄球儿，像牛乳头似的一大串一大串，好看极了。

打这以后，宣化便有了又甜又脆的白牛奶葡萄，当葡萄熟得黄白透亮时，你仔细瞅瞅，透过葡萄皮还能看见一缕缕细细的红丝呢！传说这就是当年种葡萄老人掉在上面的血泪。

牛奶葡萄

《《白葡萄的传说》》

贞观年间，唐玄奘从印度取经带回了葡萄的种子。唐太宗下旨在御花园内栽种，几次都没有成功。不知何因，后来这种子流传到了民间，宣化洋河北岸的一家农户也得到了种子，经过反复试种，终于成功了，但是光长叶子不结果。

宣化葡萄

这件事被皇帝知道了，下旨要这家农户在短期内让葡萄开花结果。自接到圣旨后，这家农户便又急又怕又喜，喜的是自家运气好，皇上心爱的"宝物"竟在他家生根发芽；怕的是短期内结不出果实，违背皇命，那是要杀头的。愁得这家老农昼夜茶饭不香。可是，老农心想光发愁也不行，得想办法解决。于是他早起晚睡，守在葡萄架子里小心地掇弄，施肥、浇灌、捉虫，不敢稍有怠懈，还让女儿守护。

原来这几簇光长叶子不结葡萄珠的是葡萄王。因为没有葡萄母媾和，所以不能开花结果。

有一天，葡萄王见日日夜夜为自己安全操心的姑娘，又在为父亲能不被皇上责怪而虔诚地祈祷着。葡萄王很同情这一家，于是，他鼓起勇气，变成了一个英俊的男子，和姑娘说明自己的来历，又诚恳地对姑娘说是为了他们家的心里话，所以只有"如此这般"才能使葡萄重新结上果实。姑娘听后羞红了脸。最后姑娘认真地思索了一下，为了让后辈人能吃上异国的白葡萄，也为了不被皇帝降罪，就羞答答地允许了。

姑娘自从和葡萄王结合后，很快就怀上了身孕。肚子也一天天地大了起来，她无颜向父母表白，忧心忡忡地拖一天算一天，瞒了一日算一日。

父母终于觉察到了。母亲见女儿的肚子这么大，心中很着急，便盘问起来。

姑娘只说得了病，但又不让郎中治病。可父命难违，郎中一诊断，是怀了孩子。父亲认定女儿学坏了，怕丑名张扬出去，坏了他家的名誉，恼怒之下让女儿自寻短见。当娘的疼闺女，向老头苦苦哀求，才饶她不死。在娘的劝说下，给闺女招了个上门女婿。小伙子是个肚量宽厚的人，并不嫌弃姑娘失节，还很心疼妻子，全家过得和和睦睦。

姑娘十月怀胎，一朝分娩。全家人大吃一惊，生下一个躯干像葡萄藤、脑袋像葡萄珠的怪物。父亲认为是个不详物，让女儿赶快扔掉。可是小两口却不同意，别看是个怪物，可像个活孩子一样，放在炕上很可爱。"洗三"那天，小两口把这个"怪物"放在木盆里，啊呀！怪物的躯干变成了一株葡萄藤，脑袋变成一大嘟噜白葡萄。全家人马上转忧为喜，于是，把这株白葡萄带到京城献给皇帝。皇帝品尝了甜美的白葡萄，又用刀把葡萄切成两半，汁液不流，乐得皇帝连连称妙。

从那以后，皇帝赏了老农一家许多金银财宝，让老农一家将白葡萄在宣化扎

漏斗式葡萄架

根繁殖。老农回到宣化后，将金银财宝分散给全村人，用剩下的钱买了几块好地，大家就尽心尽力培植白葡萄。

同时，姑娘不忘葡萄王的大恩大德，在葡萄园里，依照"葡萄王"的模样塑了个石像，供奉起来。每当到了和葡萄王媾和的那夜时辰，她就跪在地上烧香拜佛，默默祈祷上天降福给葡萄王。从此，这家的习俗，一辈一辈地继承下来了。据说观后村的葡萄老藤就是"葡萄王"的后代。

《《慈禧太后与宣化葡萄》》

1900年，慈禧太后和光绪皇帝，在八国联军入侵北京城的前夕，一路晓行夜宿，到了怀来县驿馆稍息后，午后即到鸡鸣驿城，并住进了贺家宅院。在贺宅只住了一夜，翌日拂晓，又得到急报，说敌军已逼近卢沟桥。于是慈禧当即下旨，立即起程，大队人马又急匆匆离开了鸡鸣驿城，向西而行。途中，慈禧无意掀开轿帘，朝鸡鸣驿城西门口一望，却看见城墙四周有雾气缭绕，隐隐约约还看见在城墙上长满了一尺多高的黄草（俗称鸡万草），同时，城墙上全被黄气笼罩着，此时慈禧忘记了已经离开

葡萄老藤

京城几百里之外，在轿内不由暗想：怎么刚出北京城？当即问贴身宫女，宫女回禀说：这是鸡鸣驿城，昨天，咱们在这里还住了一夜，刚出城门口。慈禧听完不由得"啊"一声，脱口而出道："真是第二个皇城呀"！所以怀来鸡鸣驿有一夜皇城之称。

当大队人马行至鸡鸣山麓下（旧址即茶坊庙）时，慈禧又产生了好奇之心。她看见高耸入云的大山，又有数只老鹰在云端翱翔，仔细看去漫山遍野开满了各

式各样的花，绚丽多姿，那一朵朵奇特的花儿正迎着晨后阳光怒放，百花争艳的香味，被一阵阵轻风送来，令人心旷神怡、精神大振。慈禧当即问太监这是什么山？太监急忙回禀：这山名叫"鸡鸣山"。慈禧赞道："这里真乃第二个花果山呀"！从此，鸡鸣山有了第三个称号。

路过下花园小憩时，慈禧问太监："这是什么地方？"太监回禀："叫'下花园'，是辽国萧太后的行宫花园。"她点了点头，默不作声。想起萧太后也曾因战乱逃跑过，所以她也与银宗（太后）有相似的遭遇。于是，她当即下旨，令人马加速行程。

当慈禧一行人等行至半坡街时，早有宣化衙门府县的大小官员跪满了山道两旁，欢呼"太皇太后万万岁"。众官吏前呼后拥，当进到宣化南关时，又是一片清水泼街，黄土垫道，百姓跪在两旁，静悄悄鸦雀无声。

慈禧太后和光绪皇帝即住在上谷驿馆（今宣化区文保所处）。午宴由朝阳楼请来的名厨专为慈禧上了几桌宫廷宴席。一路上，不光是慈禧、光绪已经人困马乏，随从们早已又饿又累了，今天这皇家满汉全席宴，是自他们离京后算上好的一顿饭了，所以这两位一下子也忘记了敌军逼近北京城快报了。各府、县的衙门口，包括城内几家大宅户，如郑南宅、郑北宅、李宅、马宅等都住得满满的。从午到晚，各处划拳行酒令声传遍了全城，足足折腾了半夜才烟消云散。

再说慈禧在驿馆下榻西间沐浴后，正在看各地奏折。此时，有太监禀奏，说有宣化府官派人专为太后送来了宣化的特产葡萄，请太后品尝。慈禧一听，心中十分高兴，此时也正赶上她想吃点水果。宫女将盘子顶在头上，跪在慈禧面前。慈禧慢慢地品尝着红紫白葡萄，没吃几颗，立即觉得满口甜爽，浑身有一股爽意的快感。吃了几嘟噜后，又下旨，明日要多备，路上吃。光绪帝下旨"免除宣化府百姓一年的赋税……"。县赋衙的官员连忙叩谢，并连夜从后府街白果园、盆窑、观后、西城等几家老葡萄园子，将上好的葡萄装了满满两大车。而在慈禧西行走后，官员却以孝敬老佛爷之名只给了葡农几个赏钱，并说这是你们的福气。这几家葡萄农户，本来等着卖点好价钱呢，也只好苦在心里，恨在心里，怒不敢言。

后来慈禧回到京城后，忽然想起宣化葡萄，除下旨将宣化葡萄定为贡品外，又让宣化农户把上好的葡萄苗送进皇宫，在御花园栽种，并让种葡萄的果农一起进宫，传授栽培技术，把宣化的土、宣化肥也一块儿运来。

自此，皇宫各处都有了宣化葡萄盆栽。不久，北京城的大户人家也都在花园里栽培了宣化葡萄。宣化葡萄既好吃又好看，又香又甜，闻名于京津两地的百姓家。他们不但喜欢吃，还喜欢培种，有的还专门派人到宣化学习栽培技术和管理方法。不仅如此，葡萄也给宣化的商家带来了好机遇，每当葡萄快熟的时候，各地的商贾纷纷赶来宣化，大小旅馆都爆满。也是商人们打开了宣化葡萄的市场，把宣化葡萄销往全国各地。

宣化葡萄，是宣化的品牌，更是宣化的骄傲。

开心的葡萄种植户

《《红葡萄的传说》》

传说在很久以前，有一年秋天，正当宣化葡萄快熟的时候，天空突然变了脸，号称葡萄之乡的盆窑村，一连遭受了七天七夜的大雨，快熟的庄稼、快熟的果树，经过这场大雨的洗劫，人们辛苦一年的血汗全泡了汤。当然，人们所担心的还是最经不起风雨的葡萄了。

雨过天晴，人们匆匆忙忙来到葡萄园一看，意外的情景愣住了：茂盛的葡萄枝叶更加繁茂，葡萄串儿结得和发洪水前大不一样，水中有一丝丝的血迹，人们觉得很奇怪，细心的人顺着血迹查找，发现在上游的河沿上，有一只身负重伤、奄奄一息的小麒麟。它头枕着河堤，静静地躺在那里。一位老人摸着小麒麟的头道"莫非你就是传说中的'避水珠'神仙？"小麒麟安详地点了点头。大家一齐围了过来，异口同声说："小麒麟，你家住在那里，我们送你回去。""我家住在……村中孤山……石，石，石崖缝"。话音刚落，小麒麟头一歪，慢慢地闭上了眼睛。大家一齐轻轻抬着它瘦小的身体，请风水先生找了一块有石缝的地方，把它安葬了。小麒麟死在村里，大家认为这是吉祥征兆，所以每年这个日子，村里人都要去埋葬小麒麟的石缝祭拜。

原来，年幼的小麒麟，生怕这场大雨给村子遭了灾，就用它的嘴，将洪水吸到别处，整整吸了七天七夜，耗尽了全部力气。后来，人们把带有血的水浇到葡萄根部，不久以后被麒麟血水浇过的葡萄竟然变成了红颜色，从此，宣化就有了红葡萄。

红葡萄

（三）散文随笔

❶ 汪曾祺，葡萄月令

一月，下大雪。

雪静静地下着。果园一片白。听不到一点声音。

葡萄睡在铺着白雪的窖里。

二月里刮春风。

立春后，要刮四十八天"摆条风"。风摆动树的枝条，树醒了，忙忙地把汁液送到全身。树枝软了。树绿了。雪化了，土地是黑的。

黑色的土地里，长出了茵陈蒿。碧绿。

葡萄出窖。

把葡萄窖一锹一锹挖开。挖下的土，堆在四面。葡萄藤露出来了，乌黑的。有的梢头已经绽开了芽苞，吐出指甲大的苍白的小叶。它已经等不及了。

把葡萄藤拉出来，放在松松的湿土上。

不大一会，小叶就变了颜色，叶边发红；——又不大一会，绿了。

三月，葡萄上架。

先得备料。把立柱、横梁、小棍，槐木的、柳木的、杨木的、桦木的，按照树棵大小，分别堆放在旁边。立柱有汤碗口粗的、饭碗口粗的、茶杯口粗的。一棵大葡萄得用八根、十根，乃至十二根立柱。中等的，六根、四根。

先刨坑，竖柱。然后搭横梁，用粗铁丝摽紧。然后搭小棍，用细铁丝缚住。

然后，请葡萄上架。把在土里趴了一冬的老藤扛起来，得费一点劲。大的，得四五个人一起来。"起！——起！"哎，它起来了。把它放在葡萄架上，把枝条向三面伸开，像五个指头一样的伸开，扇面似地伸开。然后，用麻筋在小棍上固定住。葡萄藤舒舒展展，凉凉快快地在上面呆着。

上了架，就施肥。在葡萄根的后面，距主干一尺，挖一道半月形的沟，把大粪倒在里面。葡萄上大粪，不用稀释，就这样把原汁大粪倒下去。大棵的，得三四桶。小葡萄，一桶也就够了。

四月，浇水。

挖窖挖出的土，堆在四面，筑成垄，就成一个池子。池里放满了水。葡萄园里水气泱泱，沁人心肺。

葡萄喝起水来是惊人的。它真是在喝口哀！葡萄藤的组织跟别的果树不一样，它里面是一根一根细小的导管。这一点，中国的古人早就发现了。《图经》云："根苗中空相通。圃人将货之，欲得厚利，暮溉其根，而晨朝水浸子中矣，故俗呼其苗为木通。""暮溉其根，而晨朝水浸子中矣"，是不对的。葡萄成熟了，就不能再浇水了。再浇，果粒就会涨破。"中空相通"却是很准确的。浇了水，不大一会，它就从根直吸到梢，简直是小孩嘬奶似的拼命往上嘬。浇过了水，你再回来看看吧：梢头切断过的破口，就嗒嗒地往下滴水了。

是一种什么力量使葡萄拼命地往上吸水呢？

施了肥，浇了水，葡萄就使劲抽条、长叶子。真快！原来是几根枯藤，几天功夫，就变成青枝绿叶的一大片。五月，浇水，喷药，打梢，掐须。

葡萄一年不知道要喝多少水，别的果树都不这样。别的果树都是刨一个"树碗"，往里浇几担水就得了，没有像它这样的"漫灌"，整池子地喝。

喷波尔多液。从抽条长叶，一直到坐果成熟，不知道要喷多少次。喷了波尔多液，太阳一晒，葡萄叶子就都变成蓝的了。葡萄抽条，丝毫不知节制，它简直是瞎长！几天工夫，就抽出好长的一节的新条。这样长法还行呀，还结不结果呀？因此，过几天就得给它打一次条。葡萄打条，也用不着什么技巧，一个人就能干，拿起树剪，劈劈啦啦，把新抽出来的一截都给它铰了就得了。一铰，一地的长着新叶的条。

葡萄的卷须，在它还是野生的时候是有用的，好攀附在别的什么树木上。现在，已经有人给它好好地固定在架上了，就一点用也没有了。卷须这东西最耗养分，——凡是作物，都是优先把养分输送到顶端，因此，长出来就给它掐了，长出来就给它掐了。

葡萄的卷须有一点淡淡的甜味。这东西如果腌成咸菜，大概不难吃。

五月中下旬，果树开花了。果园，美极了。梨树开花了，苹果树开花了，葡萄也开花了。

都说梨花像雪，其实苹果花才像雪。雪是厚重的，不是透明的。梨花像什么呢？——梨花的瓣子是月亮做的。

有人说葡萄不开花，哪能呢！只是葡萄花很小，颜色淡黄微绿，不钻进葡萄架是看不出的。而且它开花期很短。很快，就结出了绿豆大的葡萄粒。

六月，浇水、喷药、打条、掐须。

葡萄粒长了一点了，一颗一颗，像绿玻璃料做的纽子。硬的。

葡萄不招虫。葡萄会生病，所以要经常喷波尔多液。但是它不像桃，桃有桃食心虫；梨，梨有梨食心虫。葡萄不用疏虫果。——果园每年疏虫果是要费很多工的。虫果没有用，黑黑的一个半干的球，可是它耗养分呀！所以，要把它"疏"掉。七月，葡萄"膨大"了。

掐须、打条、喷药，大大地浇一次水。

追一次肥。追硫铵。在原来施粪肥的沟里撒上硫铵。然后，就把沟填平了，把硫铵封在里面。

汉朝是不会追这次肥的，汉朝没有硫铵。

八月，葡萄"着色"。

你别以为我这里是把画家的术语借用来了。不是的。这是果农的语言，他们就叫"着色"。

下过大雨，你来看看葡萄园吧，那叫好看！白的像白玛瑙，红的像红宝石，紫的像紫水晶，黑的像黑玉。一串一串，饱满、磁棒、挺括，璀璨琳琅。你就把《说文解字》里的玉字偏旁的字都搬了来吧，那也不够用呀！

可是你得快来！明天，对不起，你全看不到了。我们要喷波尔多液了。一喷波尔多液，它们的晶莹鲜艳全都没有了，它们蒙上一层蓝兮兮、白糊糊地的东西，成了磨砂玻璃。我们不得不这样干。葡萄是吃的，不是看的。我们得保护它。过不两天，就下葡萄了。

一串一串剪下来，把病果、瘪果去掉，妥妥地放在果筐里。果筐满了，盖上盖，要一个棒小伙子跳上去蹦两下，用麻筋缝的筐盖。——新下的果子，不怕压，它很结实，压不坏。倒怕是装不紧，逛里逛当的。那，来回一晃悠，全得烂！葡萄装上车，走了。

去吧，葡萄，让人们吃去吧！

九月的果园像一个生过孩子的少妇，宁静、幸福，而慵懒。我们还给葡萄喷一次波尔多液。哦，下了果子，就不管了？人，总不能这样无情无义吧。

十月，我们有别的农活。我们要去割稻子。葡萄，你愿意怎么长，就怎么长着吧。

十一月，葡萄下架。

把葡萄架拆下来。检查一下，还能再用的，搁在一边。糟朽了的，只好烧火。立柱、横梁、小棍，分别堆垛起来。

剪葡萄条。干脆得很，除了老条，一概剪光。葡萄又成了一个大秃子。

剪下的葡萄条，挑有三个芽眼的，剪成二尺多长的一截，捆起来，放在屋里，准备明春插条。

其余的，连枝带叶，都用竹扫帚扫成一堆，装走了。葡萄园光秃秃。

十一月下旬，十二月上旬，葡萄入窖。

这是个重活。把老本放倒，挖土把它埋起来。要埋得很厚实。外面要用铁锹拍平。这个活不能马虎。都要经过验收，才给记工。

葡萄窖，一个一个长方形的土墩墩。一行一行，整整齐齐地排列着。风一吹，土色发了白。

这真是一年的冬景了。热热闹闹的果园，现在什么颜色都没有了。眼界空阔，一览无余，只剩下发白的黄土。

下雪了。我们踏着碎玻璃碴似的雪，检查葡萄窖，扛着铁锹。

一到冬天，要检查几次。不是怕别的，怕老鼠打了洞。葡萄窖里很暖和，老鼠爱往这里面钻。它倒是暖和了，咱们的葡萄可就受了冷啦！

② 山夫，我的葡萄缘

宣化葡萄很有名声，但是十八岁以前几乎没有什么印象。也可能小时候在小县城吃过，就如同那些外来的西瓜、橘子、栗子一样，仅仅是稀罕而已，记不住它的来历；也可能大一些的时候听宣化的插友侃过，就如同所有的侃大山一样，侃过也就像风一样散去了。父亲年轻时在宣化做过小买卖，是不是曾经提起过这样的话题，也记不得了。

1971年8月来到宣化，从此与宣化葡萄结下了缘分，掐指一算，迄今已经四十二年了。四十二年前来到宣化北门外的耐火材料厂，厂区后面就是盆窑的葡萄园。第一感觉就是新鲜、新奇、震惊、震撼。外高内低的圆圆的葡萄架，爬满了藤蔓枝叶，一串串几乎同样翠绿的葡萄垂了下来，顿时"碧玉"呀"翡翠"呀"珍珠"呀"玛瑙"呀一连串没见过的物件没想过的文词儿跃进了脑海。站在渠埂高处踮起脚尖远远望去，大片大片的，绿无边际。没见过呀，要说庄稼地菜园子倒不陌生，想象中的葡萄园离我可太远了，想不到不足二百里的宣化，就有如此妙不可言的葡萄园！过了十几天，葡萄成熟了，绿中泛黄，如金似玉，更加好看。采摘的时刻到了，盆窑大队的大喇叭吼道："九队社员，九队社员，下午摘葡萄，下午摘葡萄，嘟噜噜小的不要摘，嘟噜噜不够半斤的不要摘！"，此话经我们这些回城的知青一学舌，顿时有了让人笑破肚皮的幽默感。中秋节，国庆节，下葡萄，又来了刚一个月，几件事儿凑在一起，让我们高兴了。为啥？买葡萄，回家探亲去！于是找领导写条子，托师傅找熟人，都拿着第一笔工资买葡萄。要知道那时可不比现在，统购统销呀，宣化葡萄都是进中南海的"贡品"，经香港出口换外汇的"国品"，宣化市面上都少得可怜。好在我们和盆窑、观后、大北街都是近邻，还是大有后门可走的。于是大包小包纸箱子网兜都如愿以偿地装满了，我们这些张家口、庞家堡、天津、赤城、尚义等外地的新工人心满意足地拎着葡萄回归故里向家人亲戚朋友同学显摆去了。记得我拎着十斤葡萄回到家里，久病的父亲突然精神焕发两眼放光连声叫好食欲大增，害得我母亲事后抱怨，"儿子买回那么多葡萄，我们只尝了几颗葡萄珠，全都好活他一个人了。"也难怪，

吃的不只是葡萄，还有青年时代的记忆呢！从那一年起，选在那个季节带着葡萄回家探亲几乎成了我们这些当时还被称为"外地人"的惯例。

厂区外的葡萄园，还是我们这些住厂青工散步游览的好去处。规矩的出了厂门朝西一拐就到了，不规矩的一翻墙头即可。晚饭之后，或独自一人，或约三五好友，沿着葡萄园旁的水渠沿儿走去，从余霞尚在到星月当空，一路清风徐徐，碧草青青，水声潺潺，蛙声阵阵，真是心旷神怡，疲劳尽去。更美的当属少男少女在此谈情说爱了。那时社会禁锢甚多，谈恋爱都是偷偷摸摸地进行。晚上散步聊天中难免瞅见本厂的某男某女在葡萄架下幽会，于是第二天便有风言风语迅速传播开来。一对一对中，有的是有情人终成眷属，有的则半途而止劳燕分飞。如果说粉尘飞扬的厂区是青年时代生活中的现实主义的话，一墙之隔的葡萄园无疑便是与青春岁月十分般配的浪漫主义了。

葡萄园与我，不只是青春的浪漫主义，也还有着一份青春的理想主义。那个年代，阶级斗争为纲，许多好事都要论家庭看出身，心头免不了诸多的烦恼压抑悲观失望。看到盆窑的农民，冬天来临，把葡萄藤埋于地下，春天来临，又从地下翻出来，捆绑在葡萄架上，忽然来了诗的灵感，于是就酿成了下面这样一首题为"葡萄藤"的小诗：

　　　　摘去了珠宝般晶莹的首饰

　　　　脱掉了翡翠般碧绿的衣衫

　　　　只剩下赤裸裸的你了

　　　　一把瘦弱蜷曲的筋骨

　　　　面对着来势汹汹的冬天

　　　　把身躯紧紧偎依着大地

　　　　深藏起一个坚定而执着的信念

　　　　等待你的不是舒舒服服的冬眠

　　　　而是对春天一声声急切的呼唤

这样的诗，说它笔法稚嫩也罢，说它故作沧桑也罢，总还是个人心态的一种自我调整、自我激励，让自己生活前进的脚步更加从容一些。实际上写这首诗的时候，已经是春风送暖的八十年代初了，倒退几年是不敢把这样的诗意诉诸文字的，倘若不小心被暴露出来，不打你个"对社会主义不满"的"反动诗歌"才怪呢！

摇摇欲坠的葡萄（梁国柱/摄）

能够与葡萄园为邻是一种幸运，宣化能够在当时有着大片大片的葡萄园也是一种幸运。1973年，我第一次回到我的原籍怀来县北辛堡，在与长辈们的彻夜长谈中，他们最无奈最气愤的事情莫过于学大寨以粮为纲砍掉了大片大片的果树林了。著名的果树之乡，只剩下了农家院里孤零零的几株，更不要说他们也擅长经营的葡萄了。或许就是因为宣化葡萄长在城里城外，或许还因为宣化葡萄担负着上国宴创外汇的重任，宣化葡萄逃过了铺天盖地学大寨的劫难，始终坚守在自己古老的家园，并且为城郊农民带来了当时颇令城里人羡慕的分红收益。

葡萄这东西，有灵气儿。尤其是宣化葡萄，架式古老，全然是木质结构，没有现代的水泥桩子，绿荫硕大，一架足可观，连片更可赏，更别说味美可口了。这样的葡萄架长在山野农村，也是极好的风景，长在现代城市里，更为难能可贵。我想，像宣化这样的城市，在全国在世界不说唯一也是屈指可数的。尤其是北方，气候干燥，黄土黄山，给人的印象历来不佳，往好听里说，便多用粗犷豪放来形容地理人文了。宣化有了宣化葡萄，灵光了许多，翠绿了许多，妩媚了许多。想象一番古代的宣化，城垣巍峨，鼓楼高耸，七十二座庙宇，七十二座石桥，渠水流淌，垂柳轻拂，再加上一片片葡萄园蔬菜园，那该是多么美妙的田园

都市风光呀！哪怕是在近现代，尽管庙宇拆了，城墙塌了，门楼少了，但是只因为葡萄架还在，所以还是别有一番风韵。

这样一番风韵到了改革开放日趋深化的新时期，便不仅仅局限于宣化人的自我陶醉了，这是我们城市的品牌友谊的纽带经济的桥梁呀！于是，名称十分响亮的"中国宣化葡萄节"就应运而生了。万事开头难，1988年夏秋之际，正式拉开了"第一届中国宣化葡萄节"的序幕。其时，我正在宣化区委办公室当秘书，大量的文字工作任务自然落在了我们这些"秀才"身上，查资料，寻典故，编文

令人垂涎欲滴的葡萄（梁国柱/摄）

词，苦思冥想，绞尽脑汁，通宵达旦，夜以继日，终于倒腾出不少不同于以往颇有一些文采的讲话稿、宣传册、解说词之类的稿子。开幕式那一天，真是盛况空前不同凡响。当时还未翻修的体育场，人山人海，旗帜漫卷，气球高悬，标语醒目，十几辆造型各异的大型彩车停在跑道上，解放军高级将领萧克将军、著名作家苏叔阳等名人在主席台赫然就座，还有上万只信鸽腾空而起，所有这些都是十多年未曾有过的壮观场面。此后第二年我担任了区委办公室主任，又直接参与了第二届、第三届葡萄节的组织筹备工作。这些经历都为我后来担任宣传部长组织大型活动积累了经验。

和宣化葡萄结缘，是我人生的一笔宝贵财富，它给我的青年我的中年我的壮年我的老年不断输送着生命所需要的营养。扎根于大地，顺应于四时，蓬勃于青春，低垂于成熟，阳光心态，风雨历程，自信而不自傲，自谦而不自卑，满葡萄架都是做人的道理哩！

正如同我个人这样的人生体验，实际上宣化葡萄，早已不再单纯是植物学上的一个品种经济学上的一门产业了，它已经成为一颗耀眼璀璨的文化明珠。是的，是文化，一片地域的文化基因，一座城市的文化符号，一笔丰厚的文化遗产。然而，文化的光芒似乎抵挡不过商业大潮的尘霾。在一座座高楼大厦的蚕食下，宣化葡萄的家园已经所剩无几了，能不能坚守到底传承永远文脉不断呢？从长远看我的信心是不足的。我真心希望对于葡萄园的侵蚀就此止步，让还算大片的葡萄园伴随着现代化的进程走向美好辉煌的未来。实在不成呢？至少要根据宣化葡萄的天性辟出或保留一片园地，在现代都市中建成永久的宣化葡萄博物馆，让人们来此游览参观凭吊怀古，如果真的如此，宣化葡萄也就成了名副其实的"文物"了，尽管遗憾多多，但这毕竟也是善莫大焉的一件盛事呢！

宣化和宣化葡萄，宣化人和宣化葡萄，缘分不能断啊！

五

栽培管理技术

在宣化葡萄栽培种植上千年的历史过程中，宣化人民通过自身的聪明才智，在实践过程中，逐渐形成了一套从苗期管理到生长期、休眠期管理、再到最后采摘和贮藏的一套知识和技术，不少传统技术至今依然沿用。同时，随着现代科学研究对于葡萄栽培的深入开展，探索发现了一些更加先进的技术，从而形成了当前宣化葡萄栽培到采摘贮藏的一整套完善的技术知识体系。

（一）苗期管理

宣化传统葡萄园以扦插育苗应用较多，主要方法如下。

❶ 插条的剪截

供扦插用的插条一般剪留2~3芽（10~20厘米）一段，上端将离芽眼1.5厘米左右处剪成平茬，下端将离芽1厘米左右处剪成45°的斜茬，然后将剪好后的每30根扎成一捆，标好品种，底部对齐，将基部放入清水中浸泡一昼夜，充分吸水。

❷ 催根

在日平均气温10℃以上时，插条才能够发芽，生根则需要土温在20°以上。一般常规大田内，插条育苗时由于温差较大，发芽后地上与地下水分和养分易发生供应不平衡，造成幼苗死亡，降低成活率。而扦插前的催根既可以解决这个矛盾，提高插条成活率，也能促进苗木健壮生长。常用的催根的方法主要有两种。

（1）同龙火炕催根。

催根时间以3月中旬最为合适。首先在炕面上铺6厘米厚的湿沙，将插条捆好后，把底部戳齐，竖摆在床面上，捆与捆间保持1厘米的间隙，用湿沙填实，但顶芽要露在沙外。插条上床后喷一次透水，然后生火加温。每天生火2~3次，床土温度保持在20~30℃，日均温度以25℃为宜，床面温度控制在10℃以下。经常喷水，使沙保持一定湿度，每天早、中、晚3次查床温（床面前、中、后各放一支棒状温度计）。这样生火10~15天后，可长出愈伤组织或幼根。当70%的插条长出幼根时即可出床二级育苗或直接栽植。

（2）塑料薄膜催根。

育苗数量较小时，选择花圃育苗或大田直插定植。整平地面，在浇水后的栽植沟上，贴近地面一层地膜，两边用土压严实。扦插前先按株行距在薄膜上打眼，一般株行距20厘米×40厘米左右，在透眼处插下插条使芽眼露出地膜，再用细土将扦插穴附近的薄膜压严踏实，以保持地温，减少水分蒸发。

❸ 育苗

育苗一般选择土面平整，有排灌条件，土质肥沃的沙壤土或壤土作为育苗地，每亩施有机肥2 500~4 000千克（2~4车），碳酸氢铵50千克，过磷酸钙100千克，捣碎掺匀后施入地里，浇足底水、深翻30厘米，再把地趄平，整好畦，每畦宽1米、长20米，一般按行距40厘米左右开沟，沟深20厘米，每隔20厘米左右放一株。插时注意保护好幼根，并使幼蔓露出地表。插完后适当浇水，一般亩产苗量为5 000株左右。

（二）生长期管理

❶ 夏季修剪

葡萄新梢在一年中的生长期长，期间发生多次副梢，且生长旺盛，如不运用夏季修剪加以适当控制，很容易造成架面枝叶郁闭，透风透光不良，严重影响质量与产量的提高。夏季修剪主要包括抹芽和疏枝、结果枝摘心、副梢处理、剪梢、疏花序等措施。具体修剪措施如下。

（1）抹芽和疏枝。

在新梢长10厘米以下时抹去嫩梢称为抹芽，10厘米以上时抹去称为疏枝。当嫩梢长到5~10厘米时，将多余的发育枝、多年生枝干及根干上发出的隐芽枝以及过密过弱的嫩枝抹去。同一芽眼中如出现2~3个嫩梢，只需留下一个最健壮的主梢，将后备芽发出的嫩梢及早抹去。待新梢长到15~20厘米时，再进行一次疏枝（定枝）工作，根据架面大小和树势强弱最后确定留枝数量。一般棚架每平方米架面可保留15~20个新梢。抹芽与疏枝完成越早，对节省树体营养越有利。

（2）结果枝摘心。

结果枝摘心时期以在开花前5~6天至始花期进行较为适宜；结果枝摘心的程度一般在花序以上留4~6叶摘心较为适宜。

（3）副梢处理。

随着新梢的加长生长，新梢叶腋中的夏芽从下而上陆续萌发成为副梢，如不加以控制，不但造成架面郁闭，影响通风透光，而且浪费树体养分。控制副梢的方式一般为在结果枝上只保留顶端一个副梢，其余的及时抹去，留下的副梢每次留2~3叶反复摘心。原则上必须使结果枝具有足够的叶面积，以保证浆果的产量与质量，一般认为每个结果枝上需要保持14~20个正常大小的叶片为宜。另外，留叶数可以根据结果枝上着生果穗的数量和大小加以伸缩。在开花前，结果枝中

葡萄修剪

下部的副梢已开始萌发,所以在结果枝摘心的同时,对已萌发的副梢一并加以处理,一般一年内需要进行3~5次副梢处理或摘心工作。对发育枝的摘心和副梢处理方法基本上和结果枝相同。

（4）剪梢。

将新梢顶端过长部分剪去30厘米以上称为剪梢,一般多在7~8月进行。注意:在树势较弱或植株通风透光基本良好时不必进行剪梢,剪梢后每一结果枝上仍需要保留维持正常的生长和结果所要求的叶片数。

（5）疏花序及掐花序尖。

在结果枝长度达到20厘米至开花前均可进行疏花序,一般每个结果枝留1穗,少数壮枝可留2穗。总的原则是应当满足该品种达到正常质量所要求的叶果比。掐花序尖,是在开花前一周左右将花序顶端用手指掐去其全长的1/4或1/5左右。花序上的花蕾数减少后,可使果穗较紧凑,果粒大小较整齐。

魅力春光（梁国柱/摄）

牛奶葡萄

（6）除卷须与新梢引缚。

卷须不加处理任其在架面上到处乱缠，将给以后新梢引缚、采收、冬剪等操作带来不便，故宜结合夏季修剪随时加以摘除。当新梢长到40厘米左右时，即需引缚在架面上，以利于通风透光和被风吹断。在棚架上可引缚30%左右的新梢，其余的使之直立生长。

❷ 土肥水管理

深松土保墒：于施肥灌水后结合清除施肥坑内反复生长的无用萌蘖进行松土保墒，深度5~10厘米，每年2~3次，8月中旬结合施肥进行一次深中耕，深约15厘米，以除掉部分细根为度，刺激根系向深处生长。

扩坑施肥：每3~4年进行一次，结合施肥于8月中下旬进行。方法是通过挖根调查，待根系长满坑后，在原埂的位置上挖宽、深各40厘米的沟，以见少量细根为准，施入腐熟的优质有机肥，与表土混匀覆土后充分灌水。

施肥方法：人粪尿可施于坑表，牛羊粪、鸡粪等有机肥要翻入土壤，农家肥要充分腐热，否则易烧根。

全年施肥至少4次。

灌水和排水：视土壤情况和树体的需水量，适时适量浇水。掌握早春、初夏浇透水，夏秋看降水，花期、采前20天需停水，采后、防寒灌透水的原则。一般年份全年浇水5~7次。沙质土壤应少量勤浇。果实成熟期的8~9月如遇大雨要及时排水，以防裂果造成损失。

穴内铺施肥与深松土：铺施肥通常是果树施肥之大忌，但在沙质土壤条件下，铺施肥则有利于根系吸收营养，而不至于渗漏到土壤底层流失掉，加之多次深松土，既起到保墒作用，又防止了根系上移。

❸ 病虫害防治

葡萄常见病害有白腐病、毛毡病、黑痘病及霜霉病，虫害有虎叶蛾和二星叶蝉。牛奶葡萄通常使用预防性农药减少病害。

对于霜霉病，人们采用的防治方法有：清理架面，埋压老蔓，除梢摘心，从7月初到8月中旬连续喷洒180倍等量式波尔多液，同时在雨季及时排水，中后期增施磷钾肥，合理摘除副梢，保证通风透光。

对于虎叶蛾和二星叶蝉等虫害，采用防治方法有：在葡萄出土后，在根部挖越冬蛹，绑条时捕捉幼虫；或于发芽前使用石硫合剂防治。

对于鸟害，农户采用一些自然的方法如悬挂颜色鲜艳的布条、镜子、光盘等措施来进行防治，也有一些通过在葡萄架上覆盖大网来防范鸟害。

防治鸟害

（三） 休眠期管理

（1）冬剪最佳时间。

一般以11月上旬至翌年的2月中旬为宜，即落叶后2~3周至春季伤流发生前3~4周进行。修剪过早会影响养分回流，过晚则易出现伤流现象。伤流会严重造成葡萄树体营养损失，影响芽眼的萌发及当年结果。进入伤流期后绝不可再行修剪。庭院葡萄的生育期相对较长，所以冬季修剪的时间，一般略晚于大田。应在葡萄枝蔓营养回流终止至伤流发生前1个月修剪完毕。

葡萄越冬修剪

（2）整形修剪。

整形庭院葡萄常用的树形为龙干形，依据空间大小可采用独龙干、双龙干、多龙干（扇形）。它们共同特点是在主蔓上直接着生结果枝组，要点如下：

第一、二年，冬剪时选留强旺枝轻打头以培养主蔓，弱枝留2~4芽短截，培养成枝组或次年留其所发强旺枝轻打头以补足主蔓数。第三年，冬剪时每一主蔓的强旺延长视空间大小而定，有空间则轻剪长放，无空间予以短截。主蔓以外的枝条留2~4个芽短截，培养成枝组。一般3年即可完成树形，布满架面。

修剪之前把主蔓与侧蔓分清后，按30厘米的间距选出主蔓，再根据不同品种特性和空间进行修剪。对重叠、交叉和老弱蔓要疏去，不要使伤口靠近母蔓，以免伤口干缩，影响养分输送。选出主蔓，再从主、侧面蔓中选择粗壮的作为新的结果母蔓。两结果母蔓之间要相距30厘米，然后根据品种结果习性分别采用中长梢、中长短梢混合修剪的方法进行修剪。枝蔓剪留长度根据品种特性和枝蔓的长势及肥水条件而定，如龙眼等生长势旺、枝条粗壮、花芽形成能力弱、结果偏晚的品种，可采用中长梢修剪，保留5~9个芽；玫瑰香、巨峰等长势中等的品种，易成花，可采用中短梢修剪，保留3~5个芽。

对侧蔓上长出的新梢采用短梢修剪法，以主蔓上的结果母蔓（在主蔓上所发生的许多侧枝即为结果母蔓）布满架面为宜。短梢修剪法冬剪时，在每一结果母蔓上留2~4个芽短截（弱枝短留，壮枝长留）。次年让上面生长出的2~3个强蔓结果（将下部弱蔓上的果穗疏除）。结果后，冬季再修剪时，把上面的结果蔓由基部剪去；下面的结果蔓则继续留2~4个芽短截，用作新的结果母蔓。以后按此法逐年交替更新。

（3）修剪方法（长度）。

庭院葡萄修剪也是按目前大田生产中常用的剪留长度标准，确定剪留长度。即只保留1节的，为极短梢修剪；保留2~4节的，为短梢修剪；保留5~8节的，为中梢修剪；保留9节以上的，为长梢修剪以及混合修剪（长梢、中梢、短梢修剪）。这一剪留长度，是指一般品种而言。不同种群、品种的葡萄枝蔓，各节位上的芽眼发芽和结果的能力是不一样的，而且受多种外界因素影响。在具体修剪时还应考虑到葡萄的品种特性、枝蔓生长强弱和整形方式等方面的差别。

（4）结果母枝选留（数量）。

葡萄的冬季修剪除了明确剪留长度之外，还应考虑结果母蔓的剪留数量。如果结果母蔓剪留的数量少，翌年就会因枝蔓量不足而影响产量；如果剪留量过

多，就会枝蔓密挤，负载量大，光照不足，落花落果现象严重，还会影响越冬和第二年产量，容易形成大小年。因此应根据品种、土肥水等管理水平，根据计划产量数，院内的小气候条件，如光照和通风条件等。在确定留芽量时，全面考虑应留的结果母枝总数，来确定冬季修剪应留的长度及数量。这样既保证产量和质量，又能使植株生长健壮，连年丰产。

（5）枝蔓更新修剪。

庭院葡萄冬剪中要注意短截更新，防止结果部位外移早衰。这是年年丰产的重要措施。更新修剪中一般采用双枝更新，即同一基枝留2个向两侧面的一年生枝蔓，上枝蔓中长梢修剪作结果母蔓，下枝蔓短梢修剪作预备枝蔓。第二年冬剪时将上年留的上枝蔓剪去，下枝蔓可按上年的方法一长一短修剪。对光秃的枝蔓，可回缩到下部萌发的新梢上。如无新梢，可根据占有的空间进行回缩，促使潜伏芽萌发新梢。短截修剪时，要剪在节与节的中部或上部。这样有利于顶芽的萌发和生长。结果枝的更新，主要是利用老蔓上萌发的隐芽，经摘心后培养而成，因此，成龄以后的葡萄植株，由老蔓隐芽所萌发的新梢，应注意保留、利用。冬季修剪时，留2~3个芽短截，第二年仍选留靠近下部的枝蔓短截，便可逐步形成新的结果。

百年老藤越冬防寒

（四）　采摘和贮藏

由于葡萄采收期集中，因此搞好葡萄的采后贮藏，提高贮藏技术，减少贮藏过程中的损失成为重要的关键一环。

❶ 贮前处理

（1）采收。

采收要求：为了提高糖度和耐储性，提高果实品质，采前一个月主要以施磷、钾肥为主。用于贮藏的鲜食葡萄采前15天不要灌水，生长期间不能喷催熟剂、增红剂等加速果实成熟衰老的药物，防止贮藏中出现脱粒现象。为防止病菌进入贮藏库，采前1周内要喷1次杀菌剂，消灭真菌病原。

采收标准：按葡萄的成熟度来划分，可分为食用成熟度和生理成熟度。达到食用成熟度时，葡萄中积累的各种物质经过适当的生化变化后，具有该品种特有的色、香、味和外形，但营养价值未达到最高峰，此时采收的葡萄适合于短途运输和短期贮藏，不宜长期贮藏。进一步成熟，即达到生理成熟度，种子充分成熟变褐，果实充分表现出特有的色、香、味，果粉及蜡纸层增厚，糖分大量积累，最适宜于葡萄的长期贮藏。因此用于贮藏的葡萄在气候和生产条件允许的情况下，应尽可能推迟采收时间，选择天气晴朗、气温较低的上午或傍晚采收，阴雨、大雾天都不宜采收。采收时要求果粒具有该品种应有的特征：大小均匀、发育良好、果实完整、新鲜洁净、无异常气味和滋味，着色品种应在80%以上，果穗应具有该品种应有的形状，紧密度适中，果穗完整。

采收方法：采收时用剪刀剪下果穗后，并对果穗进行修剪，剪掉不成熟、品质差、糖度低的青粒、小粒、伤粒和病粒，要求剪刀要锋利，采果筐要浅而小。要求轻拿轻放，手托果穗，轻轻剪下，剪口要平、齐，穗梗剪留5厘米左右，尽

果实装箱

量不要搽掉果粉，避免人为或机械损伤。然后将果穗平放入衬有3~4层纸的箱中，以放5千克为宜，果穗装满后盖纸预冷。

（2）包装要求。

目前贮藏应用上多为双层包装，外包装有纸箱、木箱和塑料箱，包装箱以5千克以下的小包装为最佳，果穗放入果箱中不宜放置过多过厚，一般放2~3层为宜。包装箱强度要大，防止对果实造成挤压，两侧打孔，利于通风和降温。包装箱上应标明产品名称、数量、产地、包装日期、保存期、生产单位、储运注意事项等内容，字迹应清晰、工整。内包装为塑料薄膜，使用内包装，一方面可降低水分损耗，阻止病菌感染；另一方面可产生一个高二氧化碳、低氧气的气体环境，从而有效减少葡萄失水，保持鲜度，延长贮藏期。塑料薄膜加上面积为90平方厘米的硅窗，贮藏效果更佳。

（3）预冷处理。

葡萄从田间采收后，本身带有大量田间热，这极利于水分蒸发、微生物生长、腐烂和营养物质的消耗，因此必须经过迅速预冷降温除去田间热，这样可以迅速降低入贮葡萄的呼吸强度和乙烯的释放，便于贮藏。

❷ 贮藏条件及方法

宣化传统葡萄种植，使用空心埋土防寒方法，冬剪后，将葡萄枝蔓放入防寒沟内，将架拆掉，架材架于防寒沟和中心植坑及圆台上，其上覆一层秸秆（现在用采条布），再覆一层土即可。这种埋土防寒方法，巧妙地将空气用作了防寒材料，据宣化葡萄研究所测量，这种方法比实心埋土防寒沟底温度高5℃左右，防寒效果好，而且防寒土用量少，出土也不易伤枝蔓和花芽。

葡萄贮藏

漏斗架葡萄枝蔓下架空心埋土

六

璀璨明珠，辉煌明天

"宣化传统城市葡萄园"历经千年，得以传承和保护，显示了其强大的生命力，是宣化先人们留下的宝贵财富。然而，在现代化发展的进程中，

传统葡萄园面临着许多问题，受到了严重的威胁，如何在新的时代背景下，在生态文明建设的过程中，保护好先人们留下的宝贵农业遗产，发展好这颗璀璨的"葡萄明珠"，是当前面临的艰巨任务。加强"宣化传统城市葡萄园"的保护和发展，功在当代，利在千秋。

（一） 面临的危机

❶ 城市化发展带来的挑战

　　目前，宣化区的城市化建设进入快速建设时期，城市化的发展严重威胁着漏斗架葡萄这一传统的农业栽培模式的生存和发展。漏斗架葡萄主要存在于农户的庭院中，目前这些农户多处于城区内，或毗邻城区，其庭院在宣化的城市建设规

现代化的威胁

划中都被列为建设用地，面临被拆迁的危险。由于城市建设的快速推进，城中村改造，城市扩建，环城路、城际铁路修建及工业园区建设等都是近期的重点工程，城市发展建设用地与葡萄发展用地矛盾日渐凸显，大面积的葡萄园面临征占，葡萄面积大幅度缩减。

2009年年底统计全区葡萄面积为3 000亩，两年的时间已缩减到1 570亩，而且现有的这些葡萄园已有一部分处于环城路、城际铁路、城市建设等项目的规划中。经调查了解，目前，大北村的葡萄地已全部列入规划并完成征地，很快该村仅有的84.2亩葡萄园就会被开发；盆窑村大部分葡萄园已列入外环路、坤和绿城、城际铁路、皇城延伸路规划，各项工程结束后，该村的葡萄仅剩100亩左右；陈家庄村部分葡萄园已在城际铁路建设规划中，而且该村受电站影响地下水位上升、污染较重，很多地块已不适宜种植葡萄，葡萄种植面积也会大幅度减少，将不足500亩。如果将以上因素考虑进去，宣化区能够留存的葡萄面积将不足1 000亩。

❷ 葡萄产业聚集度不够，销售困难

尽管宣化葡萄品质优良，享誉中外，但宣化葡萄的产业集聚度不高，市场化、组织化程度较低，影响了进一步发展。宣化葡萄，尤其是漏斗架葡萄，多以散户的形式生产、销售，且主要以本地销售为主。这种散户式的生产销售模式，一方面没有形成规模效应，影响力有限；另一方面，散户式生产一般缺乏广泛的市场调研，对市场缺乏科学的分析，经济收益没有保障，往往出现产量高的年份，价格低，而价格高的年份，产量又比较低，不能形成稳定的经济收入。另外，散户生产缺少高效的服务支撑体系，不能形成产业合力，与其他地区的同类产品相比，竞争能力较差。毗邻宣化区的怀来、涿鹿两县的葡萄上市早，产量大，打着"宣化牛奶葡萄"的牌子销售，在很大程度上打压了宣化区牛奶葡萄的市场，使得宣化区葡萄市场不断萎缩，严重挫伤了农民生产优质葡萄的积极性。而且由于宣化葡萄多以本地销售为主，容易造成市场饱和，影响经济效益。

③ 牛奶葡萄保鲜期短，不易保存

宣化白牛奶葡萄的品质好，口感佳，但其保鲜期很短，从成熟期开始仅能保存1个月左右。如果在此期间不能销售出去，就会腐烂，造成严重损失。而且宣化牛奶葡萄属于鲜食葡萄，只能用来食用，无法酿酒，从功能上来讲也比较单一。因此，宣化葡萄的及时销售是农户们最担心的问题。如何延长宣化牛奶葡萄的保鲜期成为一个重要的研究课题。

④ 比较效益降低，劳动力流失，种植和保护意识不高

牛奶葡萄（王玉锁/摄）

调查中发现，多数农户的年轻人都在外地或城里打工，葡萄栽培和管理以老年人为主。年轻人多数没有继承葡萄栽培传统的意愿，一些老人对此表示担忧。由于在外打工收入远高于葡萄种植收入，而葡萄种植的技术要求和劳动强度都比较高，年轻人不愿继续从事葡萄种植。由于对葡萄栽培的历史文化价值的了解不够，年轻人多数对葡萄没有感情，这也导致了葡萄种植劳动力的流失。

传统葡萄园的价值不仅在于生产葡萄和葡萄产

品，还蕴含了深厚的文化、生态、社会以及科研价值，但目前很少有农户可以认识到这些重要的价值。宣化的农户调查表明，年长的葡萄农对葡萄有深厚的感情，70岁甚至80多岁的老人还在种植葡萄，然而年轻人却对葡萄园的感情并不深，很多人不愿再种植葡萄，认为种葡萄没有前途，无法满足生活需求。很多农户对于漏斗架葡萄种植的态度也产生了一些分化，即使有些年长的葡萄种植户也对种植葡萄所带了收益失去了信心。研究发现，目前宣化区种植葡萄的农户多在40岁以上，40-60岁支持传统葡萄种植的农户达到53%，反对或保持中立态度的也占到近50%；60岁以上的农户支持传统葡萄园种植仅占46.%，而反对或保持中立态度的则超过了50%。大部分不支持传统葡萄种植的农户主要是因为传统葡萄架费工费力、葡萄销售难以及自己年纪太大，不想再种。而支持者则大部分因为必须靠葡萄种植为生，而且认为传统方式种植葡萄品质好，传统葡萄种植时间长也不舍得丢弃。事实上，调查中发现仅有几户葡萄农提到了宣化葡萄的历史价值和意义，大部分人都没有充分意识到宣化传统葡萄园的重要意义，甚至有很多农户表示非常欢迎房地产商愿意征用他们的土地。

葡萄农对传统漏斗架葡萄种植的态度

序号	年龄	数量（户）	支持（%）	中立（%）	反对（%）
1	18岁以下	0	—		—
2	18～40岁	0	—		—
3	41～60岁	17	53	23.5	23.5
4	61岁以上	13	46.2	30.8	23

数据来源：2012年8月于宣化区观后村、大北村和盆窑村30户农户的实地调查和访谈

❺ 现代农业发展观念与技术冲击

受经济效益的驱动，现代农业技术不断冲击着传统的农业生产方式。例如，

很多葡萄种植户选择将漏斗架改为排架，因为比较容易管理，产量也不低。另外，排架可以种植其他葡萄品种，不仅局限于白牛奶葡萄，而诸如里扎马特、玫瑰香等葡萄品种在市场上的售价均达到14~16元/千克，远高于白牛奶葡萄的价格。很多农户继续种植漏斗架葡萄主要因为新改葡萄架生长期比较长，并非真正喜欢继续种植漏斗架葡萄。

排架葡萄种植

（二）良好的机遇

① 国际上对全球重要农业文化遗产的重视

为保护农业文化遗产，联合国粮食及农业组织（FAO）于2002年启动了全球重要农业文化遗产（GIAHS）保护和适应性管理项目，旨在为全球重要农业文化遗产及其农业生物多样性、知识体系、食物和生计安全以及文化的国际认同、动态保护和适应性管理提供基础。这一创举为宣化古城漏斗架葡萄生态系统的保护和发展提供了良好的国际环境。

全球重要农业文化遗产奖牌

全球重要农业文化遗产授牌

② 农业部开展重要农业文化遗产发掘工作

为加强我国重要农业文化遗产的挖掘、保护、传承和利用，农业部从2012年启动中国重要农业文化遗产的发掘工作，为宣化古城传统葡萄园发展创造了机遇。古城宣化漏斗架葡萄拥有悠久的历史和灿烂的文化，是特色明显、经济与生态价值高度统一的重要农业文化遗产，是当地劳动人民凭借独特而多样的自然条件和勤劳与智慧创造出的农业文化典范，蕴含着天人合一的哲学思想，具有较高历史文化价值。但是，在经济快速发展、城镇化加快推进和现代技术应用的过程中，由于缺乏系统有效的保护，漏斗架葡萄正面临着被破坏、被遗忘、被抛弃的危险。开展重要农业文化遗产发掘工作对保护和弘扬漏斗架葡萄文化、促进其农业可持续发展、丰富休闲农业发展资源以及促进农民就业增收等都有积极作用。

全球、中国重要农业文化遗产石碑

中国重要农业文化遗产奖牌

③ 地方相关部门持续加强扶持力度

张家口市人民政府、宣化区人民政府等有关部门积极开展漏斗架葡萄保护和发展工作，提供了政策、技术、资金等方面的支持，努力开拓市场，为传统葡萄园保护和发展创造了有利环境。宣化区人民政府于1976年还建立了专门的葡萄研究所，为果农提供葡萄栽培技术支持和保证。同时相关部门积极优化政策环境，相继出台关于加快发展农业、文化产业、旅游业等的相关扶持政策，明确了漏斗架葡萄保护和发展工作在经济社会发展中的突出地位，为漏斗架葡萄栽培及相关产业的保护和发展提供了强有力的政策保障。宣化古城漏斗架葡萄是独具特色的农业系统和景观，其发展至今已不单单局限于农业系统，在多样化的扶持政策下拥有巨大的发展空间。

❹ 社会主义新农村和美丽乡村建设带来了契机

党的十六届五中全会对新农村建设进行了全面部署，2013年中央1号文件依据美丽中国的理念首次在国家层面明确提出了新农村建设要以"美丽乡村"建设为目标的提法。美丽乡村建设既秉承和发展了"生产发展、生活宽裕、乡风文明、村容整治、管理民主"的宗旨思路，又顺应和深化了对自然客观规律、市场经济规律、社会发展规律的认识和遵循，使美丽乡村的建设实践更加注重关注生态环境资源的

保护和有效利用，更加关注人与自然和谐相处，更加关注农业发展方式转变，更加关注农业功能多样性发展，更加关注农村可持续发展，同时也更加关注保护和传承农业文明。宣化传统葡萄园的保护既是对葡萄种质资源和葡萄园景观的保护，同时也关注城郊农村生活水平的提高和农民生计的改善，其理念符合美丽乡村建设的基本要求，在新形势下具有很大的发展潜力。

栽培种植技术指导

❺ 食品安全受到广泛关注

现代农业生产以化肥、农药、除草剂的大量使用为特征，对食品安全构成了极大的威胁。农产

幸福的葡萄农（熊运彬/摄）

品中农药大量残留，直接危害到人们的身体健康，因为农药残留造成的中毒事件不断出现。宣化传统葡萄园使用农家肥作为主要肥料，很少使用农药（一般使用预防性药物），确保了葡萄产品的安全性。老百姓直接从树上摘下葡萄不加清洗便食用，充分表明了葡萄的安全性。因此，社会上对食品安全的广泛关注将为宣化传统葡萄园的保护提供了良好的契机。

⑥ 农村环境问题逐渐受到重视

现代农业使得农村的生态环境问题日渐突出。化肥、农药、地膜等化学品的过量使用造成了严重的农业面源污染和地下水及地表水的污染，加上农村大量生活垃圾、秸秆、人畜粪便的随意堆放，使农村环境已经成为生态环境保护的重点。传统葡萄园是一种庭院式传统农业系统，其生产和管理过程减少了农药、化肥等的使用，庭院中种植的其他植物可以与葡萄形成良好的共生环境，同时也能为农户提供其他的农业产品，对农业生态环境起到良好的净化作用，有利于农村生态环境的改善。

⑦ 休闲农业成为人们重要的休闲方式

近年来，随着都市生活压力不断增大，人们越来越喜爱到城郊进行休闲度假。休闲农业逐渐成为都市人生活的重要组成部分，也是节假日游憩的重要方式。漏斗架葡萄具有悠久的历史，其造型独特、优美，具有很高的观赏性，漏斗架葡萄的主要品种为牛奶葡萄，皮薄、肉厚、酸甜适度，口感极佳，驰名中外。因此，漏斗架葡萄在历史文化、景观及口感等方面都具有其独特性，是一种重要的旅游资源，具有发展休闲

摄影记者游览拍摄葡萄园（雷志军/摄）

农业所需要的各种要素。因此，可以凭借宣化优越的地理位置，发展具有特色的休闲农园，带动葡萄产业的发展和传统葡萄的保护。

❽ 悠久的栽种历史凸显农业文化价值

在1 300多年的发展过程中，牛奶葡萄为适应当地气候、地理特点，逐步形成了独特的栽培方式和栽培技艺。在培育牛奶葡萄的同时，宣化老百姓也形成了独有的生活方式和文化氛围。漏斗架形的栽培方式具有很高的观赏价值，其产生可能与它栽培之初在寺庙有关。在唐代，佛教非常盛行，佛教的寺院在社会生活中享有尊贵的地位。弥陀寺是宣化最古老、规格最高的佛教寺院之一，栽种在弥陀寺中的葡萄从一开始就作为"奇花异果"深深地打上了观赏的烙印。

❾ 优越的种植条件造就宣化葡萄优异的品质

宣化位于世界葡萄种植带上，地势平坦，土壤肥沃，地下水资源丰富。四季分明，光照充足，昼夜温差大，这些都是种植葡萄得天独厚的自然条件。宣化牛奶葡萄果大粒重，含糖量高，酸甜适度，享誉全球。优越的地理、气候条件以及独特的栽培方式和技艺，造就了宣化牛奶葡萄的优异品质。

葡萄农采访（苏英芳/摄）

（三） 发展的对策

"河北宣化城市传统葡萄园"成功申报全球重要农业文化遗产，增强了全世界对宣化牛奶葡萄的认知，极大提升了牛奶葡萄乃至宣化城市的知名度。宣化要以涵盖葡萄生产、加工、贸易等环节的葡萄产业为驱动，整合葡萄工业、葡萄风景、葡萄文化及本地旅游资源，形成独特的旅游吸引力，在改善旅游地服务配套设施的基础上，形成生态环境良好、产业形式多样、旅游氛围浓厚的生态宜居城市。

❶ 借助成功申报世遗机遇做大做强葡萄产业

通过建立宣化牛奶葡萄农业文化遗产保护区，出台相应的保护措施，争取多方资金投入，融入企业、民间资本，进行市场化运作，将宣化葡萄产业做大做强，使之真正成为宣化无污染的绿色支柱产业。将全球重要农业文化遗产保护区与旅游观光区建设相结合，充分发挥宣化牛奶葡萄的品牌优势，为宣化区经济建设注入新的活力。

❷ 形成"旅游景区+葡萄经济+城市建设"的发展模式

以葡萄产业为基础发展古城旅游，构建完整的发展框架。对传统葡萄产业与传统旅游景区的分析研究发现，二者存在互补关系。宣化葡萄产区存在缺少人气、商气、没有永续产业支撑、基础设施利用度不够等问题；而宣化旅游景区恰好相反，居民居住密集，商业气息浓厚，基础设施配套完善。因此，"旅游景区+葡萄经济+城市建设"的旅游发展方式是一种值得探索和实践的开发趋势，这种趋势的核心价值在于重点解决了旅游核心吸引物的打造问题，同时重点解决了关联产业的开发布局，以旅游要素与其他产业的融合发展作为城镇化进程的依托和基础。这种发展方式既符合旅游产业本身的路径和规律，同时也符合国家产业发展的政策，值得倡导并推进。

对葡萄种植区域进行整体规划，房屋建筑和自然环境进行全面改造，房屋进行统一布局。以古葡萄藤为核心，打造葡萄文化小镇，如百岁葡萄镇等，强调百岁功效和长寿功效，打造风景宜人的聚居区。

❸ 结合边塞文化优势打造葡萄文化城

"葡萄美酒夜光杯，欲饮琵琶马上催。醉卧沙场君莫笑，古来征战几人回。"借助唐代诗人王翰耳熟能详的《凉州词》以及宣化古城、古战场等历史和现实地缘优势，将葡萄酒与古代战争文化结合在一起。以"边塞第一重镇或边塞葡萄城"作为宣传卖点，将葡萄文化与古城文化良好结合促进旅游发展。

建设农业观光采摘园，采取优惠措施，鼓励居民广泛种植葡萄。以宣化城北部的观后村、盆窑村、大北村一带为核心区域，在保护现有葡萄种植方式，栽培技艺的同时，扩展种植面积，提升葡萄的产量和品质，整治古葡萄园环境，配套建设停车场、观光道路、休息亭廊等设施，开展古葡萄园文化体验游。丰富葡萄园的生物多样性，创建内容、层次丰富的果品采摘项目，使游客得到丰富的物质享受和赏心悦目的精神享受。

童年（窦泽中/摄）

建设古葡萄文化博物馆，对古葡萄园旁边的马宅进行修复，恢复原始风貌，对内部进行装饰改造，结合古葡萄园建成中国古葡萄文化博物馆。采用图片、文字、雕塑、多媒体等手段，展示宣化古葡萄及全国各类葡萄的种植、繁衍、技艺、种类等；注重雕塑小品、展牌等风格的统一，突出知识性、趣味性，体现农业的美学价值；以600多年葡萄藤带动，打造百岁葡萄产区形象，百岁意味着长寿，可延伸至长寿品牌；运用1909年宣化葡萄在巴拿马万国博览会获得"荣誉产品奖"的优势，大力营造其国际性特质。

建设休闲度假中心，以观后村古葡萄园为核心，开发建设以接待高端群体为

目标的综合性休闲度假中心，建筑以中式风格为主，延续古城建筑风貌，材料以木材、石材为主，建设低密度、小体量的休闲度假设施，运用农业美学的设计理念和中国北方园林的设计手法，打造景观餐饮环境，形成高品质的特色餐饮。

欢喜的农民

❹ 打造老藤葡萄酒品牌带动葡萄产业发展

由于老藤葡萄酒的香味更为复杂细腻，陈年能力更强，有一种馥郁的矿物质味道，丰富而深刻，因此价格不菲，近年来深受收藏者的喜爱，甚至到了一瓶难求的境界。

结合宣化传统葡萄园的特点，建设高端老藤葡萄酒庄。葡萄文化产业如果没有葡萄酒文化是不完整的，根据宣化葡萄种植面积小、产量少的特点，借鉴法国葡萄酒庄园的模式，"精雕细作"。酒庄面积不大，但讲究葡萄的种植、管理、葡萄酒酿造的每一个环节，精益求精，手工酿造，突出酒的档次和品质，开创一种可以收藏、可以投资，并能不断增值的新领域。物以稀为贵，以葡萄老藤作为宣传重点，用葡萄老藤所结出的葡萄酿酒，意义极为深远。酒瓶要求独立设计，进行独立编号，每年限量生产；酒标重新设计，作为宣化国际形象出现；开展国际品酒大会，寻找形象代言，赠送国际友人，借助名人效应进行宣传。

鼓励本地企业出资建立宣化葡萄酒品牌，以古葡萄作为宣传口号，带动葡萄种植和酿造，借鉴国窖1573等成功经验；与张裕等国内或国际知名葡萄酒公司进行洽谈合作，采取灵活方式，共同出资、共同经营；对方出资，政府给予政策支持，出让冠名权等。

葡萄老藤　　　　　　　　　　　　　葡萄老藤

⑤ 举办国际葡萄文化节

强调国际性，邀请国外著名葡萄小镇及国际著名葡萄酒厂商参加相关活动。在国际文化周进行宣传和招商，例如举办国际品酒大会、葡萄酒形象大使大赛、国际文化表演、国际葡萄音乐艺术展示等。

组织申请吉尼斯世界纪录，打造中国最早葡萄藤、古葡萄形象。

附录

附录**1** 旅游资讯

（一）宣化的景点

1 宣化博物馆

宣化博物馆位于宣化区中心，是一座古色古香的三进四合院，这里曾是察哈尔民主政府的办公场所，也是省级文物保护单位。一、三进院建于20世纪30年代，明清风格的灰色建筑，典雅古朴。二进院与博物馆旁边的天主教堂同建于1902年，属哥特式风格，别具特色。宣化博物馆以"千年古城铸辉煌"为主题，采用通史展的方式展现了从远古到当代，不同历史时期古城宣化的历史沿革、风云人物、出土文物和发展变化。

有几件文物一定要看：① 新石器晚期的陶制人形双耳壶，一个怀孕的妇女双手放于腹前，表达了对母性的尊崇和对孕育生命的渴望；② 青铜提梁壶，战国贵族墓中的祭品，出土时壶中还盛有两千多年前的战国美酒；③ 辽代三彩六出口折沿盆盘。有专家对宣化博物馆的评价是，"小巧玲珑、内容丰富、值得一看"。参观

宣化博物馆

完博物馆之后，古城宣化便不再陌生了。

❷ 钟鼓楼

在繁华的南北中轴线上，从南往北依次是拱级楼、镇朔楼、清远楼。人们常说，北京城有九座城门，所以就有了"九门提督"的官职。那么，宣化古城有几座城门呢？现存的宣化古城是明朝在元朝基础上展筑而成，边长六华里*另十三步，周长二十四华里有余，比西安城稍小一点儿，面积近3倍于大同城，设有七座城门。朱元璋之子谷王朱穗曾在此就藩戍边。

拱极楼，也称南门楼，最早建于永乐年间（1403—1424年），重修于清雍正年间，楼高24米，下有南北走向通道，原与古城墙连为一体，与清远（钟楼）、镇朔（鼓楼）二楼在同一轴线上，是宣化门户的象征。拱极楼坚实古朴，是城防建设精华，1982年确定为省级重点文物保护单位。拱极楼又称昌平门楼，明代称著耕楼，清同治年间改称拱极楼，意为拱卫神京，保卫北方边境，阻挡外来侵略。

宣化钟鼓楼

---

* 华里为非法定计量单位。1华里 = 500米，余同。——编者注

宣化钟楼

　　清远楼，又名钟楼，因楼上悬挂万斤铜钟，钟声清远而得名，位于宣化区南、北大街的中心。建于明成化十八年（1482年），距今已有500多年历史，是一座重檐多角十字脊歇山顶建筑，外观三层，内实两层，楼通高25米。楼上有明嘉靖十八年（1539年）铸铜钟一口，重万斤，古时司报昏晓，钟声可传40华里。清远楼虽历经沧桑，依旧雄浑壮丽，风姿不减当年，素有"第二黄鹤楼"之称。

　　镇朔楼又名鼓楼。坐落在古城宣化区的中轴线上，南与拱极楼、北与清远楼遥相呼应，构成了古城宣化独特的靓丽景观。镇朔楼是宣化古城内最高大、最宏伟的古代建筑，修建于明代早期，历史悠久，与当时大规模的城工同时兴建。明正统初期，宣化、张家口、大同一线时常遭受北方蒙古部落的侵扰。年久失修的土城墙已经抵挡不住蒙古铁骑的冲击，边城军民苦不堪言。正统五年（1440年），都察院

宣化镇朔楼

右副都御使罗亨信在宣府大举城工，将旧城墙加宽加高，又在城外包砌砖石，整个工程历时6年。同时，在城内建起镇朔楼，《宣府新城之记》碑文中写道："即城东偏之中筑崇台，建高楼，崇七间四丈七尺余五寸，深四丈五尺，广则加深之二丈五尺，其檐二级。卜置鼓角、漏刻，以司晓昏。"此碑竖立在镇朔楼之侧。

镇朔楼上现存两块木制大匾。一块是悬挂在楼南侧的"镇朔楼"大匾，长6米，高2米，是1987年按照原样复制的；一块是清高宗乾隆皇帝1745年巡视塞北木兰围场，途经宣化时亲笔手书的"神京屏翰"大匾，高2.4米，长6.6米，悬挂于楼上北侧。寓意宣化是北京之屏障。大匾边框雕刻出腾云飞舞，状态各异的出海蛟龙。图案精美，刻工精细，加之苍劲有力的"神京屏翰"4个大字，浑然

牌　匾

一体，具有很高的艺术欣赏价值。

清乾隆五年（1740年）和同治四年（1865年）曾两次修缮镇朔楼。清乾隆五年修后，南匾保存旧匾，北匾改为"筹边览胜"。1956年和1982年，河北省人民政府两次将其公布为省级重点文物保护单位。1996年被国务院公布为全国重点文物保护单位。镇朔楼不仅是古城宣化历史的见证，而且是人们旅游观光的理想去处。古姿犹存、风韵依然的镇朔楼，向世人展示着宣化古代劳动人民的聪明才智和中华民族的古老文化。

❸ 葡萄园

据史书记载已有1 300多年的栽培历史，其独特的"莲花架"更是中国唯一，世界罕见。相传葡萄的引进是与菩提树有关的，寒冷的北方无法种植菩提树，但是，很多僧人都向往在菩提树下参禅悟道的情景。于是有个和尚将葡萄种于寺庙之中，人们称葡萄为"圣果"。正所谓"心中有菩提，自然能悟道"。宣化牛奶葡萄从空中俯瞰架形酷似莲花，因而得名"莲花架"，葡萄农叫"圆架"，科技人员称之为"漏斗架"。

中秋节前后，来到宣化一定要到观后村的古葡萄园看一看，品一品那果中佳品。摸一摸"京西第一老藤"，恋人们在此合影，终将恩爱有加，天长地久。宣化葡萄的一大特点是长在古城里，体现了天人合一，人与自然和谐相处的理念。"葡萄长在田野里，那不稀奇。葡萄长在古城里，那就是奇迹；城里有了高楼，那不稀奇。城里有了葡萄，那才是奇迹！古老的葡萄藤下，有你我的身影，我们的心中有葡萄的甜蜜"。

宣化葡萄

❹ 辽代壁画

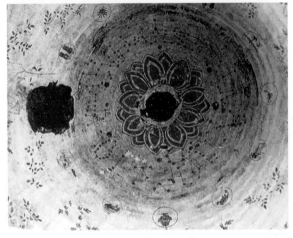

宣化辽代壁画墓群

下八里辽代壁画墓群位于张家口市宣化区下八里村，为辽代晚期汉族张氏家族墓群，张氏家族墓群现已发现10座，正式考古发掘6座。整个墓群壁画有400平方米，具有很高的艺术价值。壁画墓群分为两个区域，一区为张世卿家族墓群，二区是契丹贵族墓，是1993年"全国十大考古新发现"之一，现为国家级文保单位。墓室的壁画可谓栩栩如生，体现了不同的生活场景。其中，张世卿壁画墓最具代表性，出土各类文物近百件，有保存完好的桌、椅、盆架、衣架等木质家具，核桃、栗子等食物，盘、碗、瓶、碟等大批瓷器、漆器，以及一些铁器等张世卿墓室穹顶上的天文图，把中国传统的二十八星宿与古巴比伦的黄道十二宫（星座）绘于一图并一一对照，实属罕见。此图的照片在国家博物馆曾经展出。墓主人死后火化，骨灰放入人体模型之内，衣冠带物置于小棺箱中，展现了以往知之甚少的这一辽代上层官员和贵族死后依西天荼毗礼埋葬的情况。

墓中满饰彩绘壁画，表现各种人物总计76个。壁画内容包括星象图、墓主人出行图、散乐图、茶道图、对弈图等，反映了辽代时期人们的生活，内容极为丰富，绘画技术精湛，堪称一处民间艺术画廊。大量的壁画内容对研究辽代气象、茶道和生活情况提供了极为珍贵的实物资料。

辽代壁画

　　1982年，张世卿壁画墓被河北省人民政府公布为省级文物保护单位。1996年11月20日，国务院以"下八里墓群"之名，将其列为第四批全国重点文物保护单位。

⑤ 古寺庙

　　时恩寺，坐落在宣化巍峨的鼓楼脚下，始建于明成化六年（1470年）。时恩寺的大殿，是宣化现存年代最早的木结构建筑。为土木堡之变（1449年）后，明王朝整顿边防

宣化古寺庙

时期在宣化兴建的重要寺院之一。因大殿建筑风格独特，外观古朴庄重，气势宏伟，有着较高的文物价值。1992年6月定为省级重点文物保护单位，2006年晋升为国家重点文物保护单位。时恩寺的匾额是由现任中国佛教协会会长传印长老亲笔题写。

大殿为单檐九檩庑殿顶建筑，面阔五间19.2米，进深三间12米，通高10.3米。斗拱为单翘单昂五踩斗拱，瓦顶为绿琉璃瓦顶。大殿前出单檐六檩卷棚歇山式抱厦，与大殿以勾连搭形式连接在一起，无斗拱，系清代后加，面阔五间13米，进深三间5米。大殿外观古朴庄重，气势宏伟。

1993年，河北省古建研究所对时恩寺进行测绘时，在大殿明间脊檩上发现创建时题记："钦差镇守宣府等处，建寺大檀越信官太监乃胜张进总兵官颜彪黄瑄。大明成化六年七月十二日午时建完，清泉、时恩二寺，开山比丘净澄。"这一发现提供了时恩寺确切的建造年代、建寺官员及第一代和尚姓名等，并由此推测时恩寺应为土木堡之变（1449年）后，明王朝整顿边防时期在宣化兴建的重要寺院之一。

时恩寺

由于年久失修，时恩寺大殿破损严重。经批准，宣化区委、区政府从2005年起对该寺开始抢救性修复。将时恩寺修缮一新，按照国家"保护为主、抢救第一、合理利用、加强管理"的文物工作方针，开放利用时恩寺；聘请中国佛教协会副会长、河北省佛教协会会长上净下慧长老，和其弟子普闻法师来住持管理寺院，弘扬佛教文化，让更多的人了解佛教、走进佛教，将佛教的发展、弘法与当地人民的生活紧密联系，使佛法的观念深入人心。

其次，时恩寺是宣化唯一的一座僧住寺院，给信徒们提供一个良好修行的道场，带领居士正常开展法务活动，运用其多方面职能，庄严国土，利乐有情，更好地促进了社会和谐发展。

清真南大寺位于古宣化城庙底街，是燕北地区年代最早、规模最大的清真寺之一。与北京的牛街清真寺、包头的大清真寺并称华北三大寺。该寺嘉靖二年《重修礼拜寺记》碑，是我国系统而完整地介绍伊斯兰教五大基本功修的第一通汉文碑，非常珍贵。始建于明永乐元年（1403年），由当地回族穆斯林群众创建，原址在今牌楼西街路北。清嘉庆二十五年（1820年），因"寺传延既久，教人繁滋，欲为广建，与衙署相依，不能伎展"，于是当地穆斯林倡议并出资移建清真南大寺于庙底街。由世职出骑尉玉焕功购得庙底街房屋140余间，道光元年（1821年）所购的旧址上欲建一清真寺，将米市街原南寺大门、望月楼拆掉，并用庙底街三元宫的木料改建礼拜寺大殿、望月楼、宣礼楼及一房屋、院堂及厢廊。该寺重建从道光元年（1821年）施工起，玉焕功倾其所有，联合有资金的回民，到咸丰三年（1853年），历时三十二年，新建南寺才算建成。计有大殿60间，宣礼楼、望月楼、大门、山门二、配屋9间，两翼回廊10间。

清真南大寺

"以巍峨一时之金碧辉煌，丹漆，制度精工"（碑记），一座完整的呈中西古典建筑风格清真寺方臻完美，耸立于庙底街中心地带，并用余下木料在街南口处建一高大木结构牌坊，以示纪念，上题：一面"清真古教"，一面"万古流芳"。新南寺位于庙底街中间地段路西，占地面积2 000余平方米。建筑采用明、清、汉族传统建筑形式建造。总体格局坐西朝东，属中国典型的院落式布局方式。沿中轴线布置大门、山门、望月楼、大殿、宣礼楼、空间层次分明，两进院子构成不同室外空间，第一进院子布置一座拱形石桥，第二进院子正对大殿入口，月台伸出院中。北侧为讲经堂，南侧为教长室。

历经600多年的风雨，这座以其独特的建筑布局、精美的砖雕、木雕和石雕著称的清真寺，因年久失修而损毁严重。为了保护好这一珍贵的历史文化遗产，张家口市宣化区政府将清真南大寺列入了首批区级文物保护单位。为顺应广大穆斯林群众的迫切愿望，2004—2006年，以政府资助、社会各界赞助、穆斯林群众积极捐资的形式，多渠道筹集资金予以修复，清真南大寺终于得以重现它的历史风貌。

玄空寺是宣化众多寺庙中较小的一座。相传，古时有一女子，和家人来此游山玩水，不慎从山顶坠落，女子被半山腰的一颗树挂住，保住了性命。家人认为是山中神灵救了女儿，为了感谢神灵，出资在山腰建了这座小庙。玄空寺依山而建，有殿堂，二层建有大殿和东西配殿，现在还可以依稀看见正殿及配殿墙壁上原有的壁画痕迹。从建筑风格和结构特点上来看，该寺应为清代建筑，现虽已破败不堪，但它仍不失为一座构想独特，巧夺天工的古寺庙。

玄空寺

⑥ 万柳公园

一出宣化的西门——大新门向右一转，就是万柳公园了。柳川河位于宣化古城西门外，元末明初，每年开春立秋后，西北风肆虐，漫天的黄沙使得河滩成了一片沙海，百姓深受其害。清乾隆九年，直隶总督方观承，为了阻挡风沙之害，指导百姓们在柳川河附近筑堤植树，仅植柳树就有数万株，因柳树成行十分壮观，形成"柳川万柳"的胜景。

在宣化区城区西城墙西侧，柳川河河岸东侧，曾是一片以柳树居多的林地，2009年，对其改造后的张家口首座自然公园——万柳公园正式对外开放。

如今，"柳川万柳"的胜景又重现古城宣化，万柳公园的改造落成很好地改善了百姓的居住环境，提升了城市品位，是打造宜居城市的最有利基础。

漫步在公园之内，一边是威武的古城墙，一边是碧绿的万柳园。人们或在散步、或在闲谈、或在直勾勾地望着那瓦蓝瓦蓝的天发着呆，好不悠闲、好不美哉！

公园用地40公顷，总体规划为"一湖十景"，十景有：花港观鱼、海棠春坞、柳川夕照、枫峦叠嶂、曲池风荷、古道还悠等景观带。万柳公园的设计浓缩江南园林之经典，营造湖光山色之美景，以游览、观赏、憩息为主，并且在园内又重现了当年"柳川万柳"的胜景。

万柳公园雪景

万柳公园柳川夕照

万柳公园曲池风荷

宣化古城墙与大新门

（二）宣化的饮食与特产

① 地方名吃

宣化在历史上是个大城市，在吃的方面很讲究。到宣化的客人首先要尝一尝朝阳楼、清远楼饭庄的涮羊肉，采用内蒙古大草原的羔羊肉，铜锅炭火，秘制小料，味道非常地道。据说八国联军进北京时，慈禧太后带着光绪皇帝及诸大臣西行，路过宣化府，在此停留3天，用的就是朝阳楼的饭菜。宣化宾馆的红烧肉，以鲜亮红润、肥而不腻成为必选之品；明瑞食府的莜面系列更是丰富多彩，莜面窝窝、莜面鱼、莜面锅饼、莜面饺子等。来上一笼莜面窝窝，一碗羊肉蘑菇汤，加上油炸辣子，那个香啊！裕华大酒店还有满汉全席。

莜面窝窝

朝阳楼饭庄

② 百年天主大教堂

宣化天主教堂是宣化教区主教总堂，始建于清同治元年（1869年），可同时容纳2 000人参与弥撒。起初宣化教会由大小修道院、圣堂、修女会、苦休会等几部分组成，并开设公益孤儿院、诊疗所、养老院等，后因被焚毁或各种历史原因大部分被迫停办。近年来，通过教民自筹资金、政府支持等方式，对宣化教堂进行了整体维修后，又重新对教民开放。现为省级重点文物保护单位。

天主大教堂

宣化教堂是标准的哥特式建筑，总体布局为十字架形，双钟尖塔楼高插云霄，雄伟宏大。内部为大石柱和飞扶壁桁架木石架构，彩绘装饰简洁明快，极富浓厚的宗教色彩，庄重而华丽，粗犷而宏厚。这样的建筑规模，当时只有北京、天津、上海等大城市的圣堂堪与媲美，在国内外如此规模风格的建筑都很少见，就其建筑的宗教内涵，建筑学、美学、声学等方面，都有极高深的文化研究价值。

今天的百年教堂以其特殊的历史背景，特殊的风格造型，为我们留下了一处具有很高历史价值、艺术价值和科学价值的近现代文物史迹。

❸ 宣化古城墙及大新门

明洪武二十七年（1394年），谷王朱橞开始大规模扩建宣府镇。拓展后的宣府镇为一座正方形城池，边长六里十三步，周长二十四里有奇，建有七门，即南有昌平、宣德、承安三门，北有广灵、高远两门，东有定安，西有大新各一门，城池规模远大于当时的西安城、平遥城，成为九镇之首。然而宣化古城在岁月的更替中不断变迁和消失，原有的七座城门如今只剩下南门，唯有那断断续续的古城墙，仿佛一道时光隧道，引领我们追溯宣化城曾经的峥嵘岁月。

宣化古城墙现为国家级重点文物保护单位，为全国十大著名古城墙之一。被称为"中国的莎士比亚"的戏剧大师曹禺先生曾视宣化为第二故乡，他在回忆《北京人》时写过这样一段话："由远远城墙上断续传来归营的号手吹着的号声，在凄凉的空气中寂寞的荡漾。我这种印象并不是在北京得到的，而是在宣化。"儿时的曹禺先生就坐在宣化的古城墙上，听着远方传来的号角声，回忆与母亲的美好时光。

❹ 察哈尔省民主政府旧址

在宣化众多文物古迹中，有一处近现代文物以其重要的纪念意义和深渊的教育意义格外引人注目，它就是察哈尔省民主政府旧址。现为省级重点文物保护单位。

察哈尔省民主政府旧址始建于1930年，是一座中国传统的三进四合院式建筑，共有房屋120余间，有"古城第一院"之称。俯瞰察哈尔省民主政府旧址，整个院落呈"目"字形结构，青砖灰瓦，古色古香。整个大院分前、中、后3个院落，前院和后院为典型的北方四合院结构，中院则为中西合璧式建筑，哥特式的两层小楼原为天主教宣化教区主教公署，红色洋铁皮屋顶和廊檐带有明显的西方建筑风格，具有一定的时代特征。

整座建筑整齐宽敞，风格别致，居住怡人，就是在这里诞生了我国历史上第一个省级民主政府。1945年，察哈尔省全境解放，察哈尔省人民代表大会在宣化召开，到会的各界代表139人，大会民主选举了以张苏为省主席的政府委员会。1946年，国民党发动内战，察哈尔省政府也撤离了宣化。

察哈尔省民主政府旧址有着凝重的历史内涵和珍贵的文物价值，在新的时代里，焕发出了更加灿烂的光芒，它不仅是古城宣化开展爱国主义教育的基地，更是古城宣化人民引以为荣的革命胜迹。

❺ 五龙壁

五龙壁砖雕是一座以五条巨龙为主题图案的砖雕影壁，俗称五龙壁，位于张家口教育学院宣化分校校园内。1982年被河北省人民政府公布为省级重点文物保护单位。它是全省唯一一处以影壁作为省级文物保护单位的古代建筑。

五龙壁砖雕是原弥陀寺的一部分。弥陀寺建于元初，毁于元末，明宣德年间重修，明代中期和清代早期扩建。弥陀寺在宣化近百座寺庙中名气高、年代早、规模大，至今民间还有"先有弥陀寺，后有宣化城"的传说。而这座雕刻五龙的影壁，是因为当时正值明朝第五位皇帝朱瞻基初登大宝，宣府知府与弥陀寺住持决定修建此影壁，表示对新任皇帝的衷心。

这座有着250余年历史的迎门座山式影壁坐东向西，砖雕仿木结构，通高5.5米，宽4.02米。主题图案的五条蛟龙升腾于云涛雾海之间，向人间播散甘露，周围的飞禽走兽以及花鸟与五龙图一起，构成一幅古色古香又意蕴生动的美好画卷。整个建筑采用磨砖对缝砌成，无论从构件上，还是布局上都是美轮美奂。加之整幅影壁采用了浮雕、透雕工艺，将图案突出来，从而增加了画面的立体感，给人以活灵活现的感觉。

❷ 宣化牛奶葡萄

　　宣化牛奶葡萄是宣化的特色产品。吃宣化牛奶葡萄一定要到葡萄架下才保证是正宗的，正所谓"宣化葡萄不下架"。

❸ 陈家庄村杂杂枣

　　杂杂（音：gaga）枣的一大特色是模样有特点，两头小，中间大，极似儿童玩儿的杂杂，也因此得名；二是甜脆可口，且果皮光滑，皮薄肉厚，2008年还被推荐为奥运会果品；三是营养丰富，《诗经》记载"八月剥枣，十月获稻"，汉代

尜尜枣

铜镜上刻有"上有仙人不知老，渴饮礼泉饥食枣"的诗句。陈家庄尜尜枣的含糖量居各类果品之首，鲜枣含糖20%以上，干枣含糖60%~80%，可代替粮食，是一种重要的木本粮食。

❹ 钟楼啤酒

宣化钟楼啤酒也是河北著名商标，啤酒厂附近的澜泽府直接供应鲜啤酒，"喝现出锅的啤酒，感觉就是不一样！"

60多年创业，60多年风雨，60多年收获，钟楼啤酒饱经风雨，从1949年创立初期的宣化啤酒厂，到改革开放时期的宣化钟楼啤酒集团有限公司，以及在2004年成立的宣化新钟楼啤酒有限公司，"钟楼啤酒"随着祖国的成长和强大也发展成为河北啤酒工业的一颗璀璨明珠。

钟楼啤酒厂

钟楼啤酒

（三）宣化的天气情况

　　宣化春季受较强的冷空气影响，天气多变，降水量较少，大风日数多；夏季由于太平洋副热带高压西伸北进，在暖湿气流的控制下空气湿润，降水较多；秋季暖湿的东南气流逐渐衰退，干冷的西北气流重新加强，温度下降快，天气晴朗，阴雨日渐减少；冬季受强大的蒙古冷高压控制，严寒少雪，强冷空气南下时常形成寒潮，引起剧烈降温和大风天气。

风景宜人的宣化城

（四）交通情况

宣化的交通非常发达，可通过各种交通方式到达全国各地。

飞机：从宣化到北京首都机场只需2个小时，非常方便。

火车：宣化的铁路交通非常方便。经停宣化区的列车有20余列，可直达北京、天津、沈阳、银川、包头、南昌、满洲里、呼和浩特、兰州、大同、青岛、石家庄、张家口、邯郸、天津、包头、乌鲁木齐等城市。

汽车：宣化的公路交通也非常方便。从宣化乘坐长途汽车可以到达张家口、北京、天津、石家庄、呼和浩特、包头、承德等地。宣化和北京之间，每天都有很多来往客车，全程170公里，全程高速公路。

（五）推荐路线

方案一：宣化一日游

上午，宣化博物馆—天主教堂—大新门古城墙—万柳公园—下八里辽代壁画墓群。

下午，拱极楼—乘特1路沿途商业区镇朔楼—时恩寺—清远楼—清镇南大寺—观后村古葡萄园。

方案二：宣化二日游

第一天上午，拱极楼—宣化博物馆—天主教堂—镇朔楼—时恩寺—清远楼；下午，清真南大寺—古葡萄园—砖雕五龙壁。

第二天上午，碾儿沟生态公园；下午，大新门古城墙—万柳公园—下八里辽代壁画墓群。

五龙壁

（六）宣化主要的旅行社及酒店

宣化主要有京西文化旅行社、林风旅行社、四季旅行社、天马旅行社、鑫龙旅行社、交通旅行社以及阳光之旅等多家旅行社，为前来宣化旅游的朋友提供便利的接待服务。

住在宣化也很方便，宣化有两家四星级酒店：世纪王朝酒店和宣化宾馆；两家三星级酒店：得月楼和隆豪大酒店以及一家二星级酒店：北方大酒店。此外还有格林豪泰、汉庭等快捷酒店。

宣化涉外四星级酒店

宣化商务酒店

附录2　大事记

● 前140—126年，西汉建元年间，张骞出使西域，将葡萄从西域引入陇西。

● 762—779年，唐代宗年间，由民间从长安一带将葡萄传入宣化（一说驻宣军人，一说寺庙僧人）。

- 982—1031年，辽圣宗年间，皇帝耶律隆绪为其母萧太后在宣化建"百果园"，专门种植白牛奶葡萄，以供朝廷享用。

- 1123—1189年，金世宗年间，太子司经刘迎来宣品尝葡萄，写诗一首《上谷行》。

- 1328—1398年，明代洪武年间，谷王朱橞，就藩宣府，兴建谷王府，展筑宣化城，广辟葡萄园。

- 1644年，明崇祯十七年，李自成率义军路经宣化，品食葡萄，吟诗二首。

- 1900年，清光绪二十六年，慈禧太后西逃、下榻宣化，品尝葡萄，称其果中极品，遂降旨选入贡品。

- 1909年，清宣统元年，荣获巴拿马万国物产博览会大奖，京张铁路通车。

- 1922年，民国十年，再次荣获巴拿马万国物产博览会金奖。

- 1951年，建"主席葡萄园"，其中1952—1960年特供中南海。

- 1956—1979年，宣化牛奶葡萄远销香港，出口英国等地，累计出口约8 250吨。

- 1988年9月至1994年9月，张家口市宣化区人民政府连续举办了七届"中国宣化葡萄节"，对提高、提升宣化知名度，繁荣宣化经济，起到了至关重要的作用。

- 1997年，在河北省首届农展会上宣化牛奶葡萄被评为"名牌产品"。

- 1999年，在昆明世界博览会上宣化牛奶葡萄荣获"铜奖"。

- 2007年5月，国家质量监督检验检疫总局组织专家来到宣化对"宣化牛奶葡萄"申报"地理标志产品保护"进行技术审查。

- 2007年7月，国家质量监督检验检疫总局发布2007年第100号公告，批准对宣化牛奶葡萄实施"地理标志产品保护"。

- 2007年10月，国家工商行政管理总局商标局颁发了宣化牛奶葡萄"地理标志证明"商标注册证第5092879号。

- 2008年，宣化牛奶葡萄荣获"河北名牌产品奖"，时隔三年，又顺利通过河北省名牌产品的复评，蝉联"河北省名牌产品奖"。

- 2008年，在河北省首届品牌节上，宣化牛奶葡萄被评为"河北省品牌节重点推荐产品奖",并蝉联第二、第三届"河北省品牌节重点推荐产品奖"。

● 2009年,在国家工商总局主办的第三届中国品牌节"共和国60华诞60商标"评选活动中,宣化牛奶葡萄被评为"最具竞争力的地理标志商标奖"。

● 2009年,在农业部主办的"首届中国农产品区域公用品牌建设论坛会"上,宣化牛奶葡萄荣获"中国农产品区域公用品牌价值百强奖"。

● 2010年,在全国1522个中国农产品区域公用品牌中,宣化牛奶葡萄脱颖而出,再次荣获"中国农产品区域公用品牌百强奖"。

● 2011年,宣化牛奶葡萄荣获"中国消费者最喜爱的100个农产品区域品牌"。

● 2011年,宣化牛奶葡萄荣获"最具影响力中国农产品区域公用品牌奖"。

● 2011年,启动了"河北宣化城市传统葡萄园"申报"全球重要农业文化遗产"工作;6月,参加"第三届全球重要农业文化遗产国际论坛"的百余位中外专家考察"宣化城市传统葡萄园"。

● 2012年9月,CCTV-7农业频道《科技苑》栏目组来宣化,拍摄"宣化城市传统葡萄园"的专题节目。

● 2013年5月,"河北宣化城市传统葡萄园"被联合国粮农组织正式批准为"全球重要农业文化遗产(GIAHS)",同年6月,被农业部列为首批"中国重要农业文化遗产"。

● 2013年6月,建立宣化葡萄博物馆。

● 2013年11月,宣化牛奶葡萄获"第十一届中国国际局产品交流会"农产品金奖。

● 2014年9月,FAO主办的"全球重要农业文化遗产高级别培训班"和河北省"首届农业文化遗产知识培训班"在宣化举办。

附录3 全球 / 中国重要农业文化遗产名录

❶ 全球重要农业文化遗产

2002年，联合国粮农组织（FAO）发起了全球重要农业文化遗产（Globally Important Agricultural Heritage Systems, GIAHS）保护项目，旨在建立全球重要农业文化遗产及其有关的景观、生物多样性、知识和文化保护体系，并在世界范围内得到认可与保护，使之成为可持续管理的基础。

按照FAO的定义，GIAHS是"农村与其所处环境长期协同进化和动态适应下所形成的独特的土地利用系统和农业景观，这些系统与景观具有丰富的生物多样性，而且可以满足当地社会经济与文化发展的需要，有利于促进区域可持续发展。"

截至2014年年底，全球共13个国家的31项传统农业系统被列入GIAHS名录，其中11项在中国。

全球重要农业文化遗产（31项）

序号	区域	国家	系统名称	FAO批准年份
1	亚洲	中国	浙江青田稻鱼共生系统 Qingtian Rice-Fish Culture System	2005
2			云南红河哈尼稻作梯田系统 Honghe Hani Rice Terraces System	2010
3			江西万年稻作文化系统 Wannian Traditional Rice Culture System	2010
4			贵州从江侗乡稻—鱼—鸭系统 Congjiang Dong's Rice-Fish-Duck System	2011

序号	区域	国家	系统名称	FAO批准年份
5			云南普洱古茶园与茶文化系统 Pu'er Traditional Tea Agrosystem	2012
6			内蒙古敖汉旱作农业系统 Aohan Dryland Farming System	2012
7			河北宣化城市传统葡萄园 Urban Agricultural Heritage of Xuanhua Grape Gardens	2013
8		中国	浙江绍兴会稽山古香榧群 Shaoxing Kuaijishan Ancient Chinese Torreya	2013
9			陕西佳县古枣园 Jiaxian Traditional Chinese Date Gardens	2014
10			福建福州茉莉花与茶文化系统 Fuzhou Jasmine and Tea Culture System	2014
11			江苏兴化垛田传统农业系统 Xinghua Duotian Agrosystem	2014
12	亚洲	菲律宾	伊富高稻作梯田系统 Ifugao Rice Terraces	2005
13			藏红花文化系统 Saffron Heritage of Kashmir	2011
14		印度	科拉普特传统农业系统 Traditional Agriculture Systems, Koraput	2012
15			喀拉拉邦库塔纳德海平面下农耕文化系统 Kuttanad Below Sea Level Farming System	2013
16			能登半岛山地与沿海乡村景观 Noto's Satoyama and Satoumi	2011
17		日本	佐渡岛稻田—朱鹮共生系统 Sado's Satoyama in Harmony with Japanese Crested Ibis	2011
18			静冈县传统茶—草复合系统 Traditional Tea-Grass Integrated System in Shizuoka	2013

续表

序号	区域	国家	系统名称	FAO批准年份
19	亚洲	日本	大分县国东半岛林—农—渔复合系统 Kunisaki Peninsula Usa Integrated Forestry, Agriculture and Fisheries System	2013
20			熊本县阿苏可持续草地农业系统 Managing Aso Grasslands for Sustainable Agriculture	2013
21		韩国	济州岛石墙农业系统 Jeju Batdam Agricultural System	2014
22			青山岛板石梯田农作系统 Traditional Gudeuljang Irrigated Rice Terraces in Cheongsando	2014
23		伊朗	坎儿井灌溉系统 Qanat Irrigated Agricultural Heritage Systems of Kashan, Isfahan Province	2014
24	非洲	阿尔及利亚	埃尔韦德绿洲农业系统 Ghout System	2005
25		突尼斯	加法萨绿洲农业系统 Gafsa Oases	2005
26		肯尼亚	马赛草原游牧系统 Oldonyonokie/Olkeri Maasai Pastoralist Heritage Site	2008
27		坦桑尼亚	马赛游牧系统 Engaresero Maasai Pastoralist Heritage Area	2008
28			基哈巴农林复合系统 Shimbwe Juu Kihamba Agro-forestry Heritage Site	2008
29		摩洛哥	阿特拉斯山脉绿洲农业系统 Oases System in Atlas Mountains	2011
30	南美洲	秘鲁	安第斯高原农业系统 Andean Agriculture	2005
31		智利	智鲁岛屿农业系统 Chiloé Agriculture	2005

② 中国重要农业文化遗产

我国有着悠久灿烂的农耕文化历史，加上不同地区自然与人文的巨大差异，创造了种类繁多、特色明显、经济与生态价值高度统一的重要农业文化遗产。这些都是我国劳动人民凭借独特而多样的自然条件和他们的勤劳与智慧，创造出的农业文化的典范，蕴含着天人合一的哲学思想，具有较高的历史文化价值。农业部于2012年开始中国重要农业文化遗产发掘工作，旨在加强我国重要农业文化遗产的挖掘、保护、传承和利用，从而使中国成为世界上第一个开展国家级农业文化遗产评选与保护的国家。

中国重要农业文化遗产是指"人类与其所处环境长期协同发展中，创造并传承至今的独特的农业生产系统，这些系统具有丰富的农业生物多样性、传统知识与技术体系和独特的生态与文化景观等，对我国农业文化传承、农业可持续发展和农业功能拓展具有重要的科学价值和实践意义。"

截至2014年年底，全国共有39个传统农业系统被认定为中国重要农业文化遗产。

中国重要农业文化遗产（39项）

序号	省份	系统名称	农业部批准年份
1	天津	滨海崔庄古冬枣园	2014
2	河北	宣化传统葡萄园	2013
3		宽城传统板栗栽培系统	2014
4		涉县旱作梯田系统	2014
5	内蒙古	敖汉旱作农业系统	2013
6		阿鲁科尔沁草原游牧系统	2014
7	辽宁	鞍山南果梨栽培系统	2013
8		宽甸柱参传统栽培体系	2013
9	江苏	兴化垛田传统农业系统	2013
10		青田稻鱼共生系统	2013
11		绍兴会稽山古香榧群	2013
12	浙江	杭州西湖龙井茶文化系统	2014
13		湖州桑基鱼塘系统	2014
14		庆元香菇文化系统	2014
15	福建	福州茉莉花种植与茶文化系统	2013

续表

序号	省份	系统名称	农业部批准年份
16	福建	尤溪联合体梯田	2013
17		安溪铁观音茶文化系统	2014
18	江西	万年稻作文化系统	2013
19		崇义客家梯田系统	2014
20	山东	夏津黄河故道古桑树群	2014
21	湖北	羊楼洞砖茶文化系统	2014
22	湖南	新化紫鹊界梯田	2013
23		新晃侗藏红米种植系统	2014
24	广东	潮安凤凰单丛茶文化系统	2014
25	广西	龙脊梯田农业系统	2014
26	四川	江油辛夷花传统栽培体系	2014
27	云南	红河哈尼梯田系统	2013
28		普洱古茶园与茶文化系统	2013
29		漾濞核桃—作物复合系统	2013
30		广南八宝稻作生态系统	2014
31		剑川稻麦复种系统	2014
32	贵州	从江稻鱼鸭系统	2013
33	陕西	佳县古枣园	2013
34	甘肃	皋兰什川古梨园	2013
35		迭部扎尕那农林牧复合系统	2013
36		岷县当归种植系统	2014
37	宁夏	灵武长枣种植系统	2014
38	新疆	吐鲁番坎儿井农业系统	2013
39		哈密市哈密瓜栽培与贡瓜文化系统	2014